四日市学

未来をひらく環境学へ

朴 恵淑＋上野達彦＋山本真吾＋妹尾允史 著

風媒社

四日市学——未来をひらく環境学へ　目次

【コラム】「四日市学」をひらく

画・上野裕美

序章

四日市公害と「四日市学」

朴 恵淑

人文・社会科学から自然科学・医学まで、多分野にまたがった研究者グループによる、学際的・総合環境学研究としての「四日市学（YOKKAICHI Studies）」を私たちがスタートさせたのは、二〇〇一年のことである。この試みは、四日市公害を負の遺産から正の遺産としてとらえなおし、自治体を含む地域・住民と協働できる認識共同体を形成し、未来の環境快適都市づくりへ寄与しようとするものである。つまり、「四日市学」は、四日市公害について「学際的・総合環境学的」側面から現代的再評価をおこなう学問であり、行政や市民、企業の各セクターを横断的に繋げる「認識共同体」をつくるツールである。その中間成果報告として、二〇〇四年一月に『環境快適都市をめざして——四日市公害からの提言』（上野達彦／朴恵淑共編著、中央法規）を出版した。

ところで、産業（経済）中心の政策によって四日市公害問題が表面化したのは、いまからおよそ四十年前のことである。四日市公害は、大気や水環境を破壊しただけでなく、人間を含む生態系を壊し、社会システムの崩壊を招いた。四日市公害問題に関わった研究者たちは、四日市コンビナートから排出された大気汚染物質による地域住民への健康被害に対してその因果関係を立証し、一九七二年の四日市公害訴訟で被害者の原告（住民）の勝訴判決となる大きな流れをつくった。

しかし、今日のような社会のシステムが多様化・グローバル化していくなかで、私たちが試みている「四日市学」は、四日市公害問題を、これまでのように加害者対被害者、もしくは行政や企業対住民といった対立した概念としてではなく、問題の解決にいたる諸プロセスのなかで生まれてきた問いを検証しつつ、この問題の現代的再評価をおこなうことに重点をおいた。

すなわち、「命」の尊厳を問う「人間とは何か」という問題、いったん破壊された自然は二度と戻らないということの再認識をうながす「自然は誰のものか」という問題、そして、経済か環境かという二者択一ではなく、経済発展と環境との両立をはかるような「持続可能な発展（環境）のあり方とはなにか」という問題である。さらに私たちは、環境の世紀・アジアの世紀といわれる二十一世紀において、環境破壊が最も懸念される韓国、中国、極東ロシアや北朝鮮を含む東アジア諸国や東南アジア諸国の環境問題に対して、四日市公害の教訓を生かしたアジア諸国との国際環境協力のあり方を探ることについての認識を共有できるようなプロジェクトも進めている。

「四日市学」は、以下の四つの側面からアプローチする試みである。

①四日市公害は解決済みの過去の問題ではなく、現在進行型として存在している環境問題であり、命の尊厳とは何かを問う「人間学」

②過去の公害から未来の環境快適都市へ転換をはかるため、環境と経済との持続可能な社会シス

テムを提案する「未来学」

③四日市公害を経験していない次世代への問題解決型・体験型教育を可能とする「環境教育学」

④東アジアの韓国、北朝鮮、中国、極東ロシアをはじめ、東南アジアのタイ、ベトナム、マレーシア、インドネシアなどの大規模産業団地で見られ、かつて日本の四大公害の複合型ともいえるアジア地域の公害問題において、四日市公害の教訓を生かした国際環境協力のあり方を探る「アジア学」

人間学としての「四日市学」

公害、つまり公益を害する問題によって、多くの人々がさまざまな被害に苦しめられてきた。そして、いまなお問題は解決しているわけではない。状況改善のためには、公害問題の原点をどこに置くのかを熟考する必要があるだろう。公害問題の時代的・空間的背景として、政治・経済・社会・文化などの条件を知ることが重要なポイントとなる。

二十世紀前半の日本は、国家が産業優先論に傾斜し、公害隠しあるいは容認論が主流であったといえる。産業優先を掲げる国や企業側の論理は公共性（公益性）優先の論理であったため、地域的な公益性より国の経済発展を重視する論理のもとに、四日市コンビナートのような大規模な工業地域が建設された。当時は、まだ公害問題が顕在化していなかった時代でもあり、経済発展による自然の環境許容を超える負の影響に対する認識がなかった時期でもあった。

公害は、公共性（公益性）をめぐる国のあり方に大きく関係する問題である。被害者が社会的に弱い立場にある場合、全体的な公益性優先政策により被害者の生存権はほとんど守られなくなるが、公害の激化によって社会の基盤となる多数の住民の健康被害が生じると、被害者は国や企業を相手どり法的手段にうったえる。そこでようやく国は加害者となる企業への公害対策や規制を加えることとなる。ここでは被害の実在性とその程度に関する事実認定の問題が、重要な意味をもつようになる。公害問題に基づく被害がどの程度広がったのか、あるいは環境汚染物質と被害との因果関係を特定するのは大変な困難を伴う問題であるが、科学技術が公害防止に、医学が疫学的手法により環境汚染物質と被害との因果関係を特定できれば、公害裁判に大きなインパクトを与えることができる。

社会的弱者である被害者の地域住民と加害者の企業との不均衡、または不正義な社会システムから被害者の生存権を守るにはどうすればいいのか。そのヒントを得るために、四日市公害問題の環境倫理（正義）的考察をおこなう必要があるだろう。

公害訴訟の場合、被害者である原告の生存権や財産上の被害が、加害者である被告からの公害行為によって発生したことを証明する科学的因果関係を明らかにする必要があるが、被告である企業がその根拠となる情報を握っている場合が多いため、原告に不利とされていた。しかし、一九七二年の四日市公害判決文には、企業が人間の身体と生存を脅かす汚染物質を排出する場合、経済的理由に関係なく、最新技術とノウハウを駆使して予防措置を取らなければならないという内容が含まれている（本書第2章を参照）。四日市公害訴訟は、一九六〇年代の経済重視、産業優先といったスタンスから、社会的弱者である地域住民の生存権を守るスタンスへ大きく転換した、社会的正義へ軌道修正をはかる第一歩であったといえる。

環境倫理（正義）的側面からみた人間と自然との関係は、自然喪失と故郷喪失が自然との平衡や公衆衛生に大きな障害をもたらすばかりでなく、価値喪失にもつながるということを教えてくれる。そして、自然破壊が結局自分を含め子孫にまでその影響がおよぶことになるということを再認識させられるだろう。「四日市学」の人間学的側面は、四日市公害問題が価値判断の命題でもあることを明らかにするものである。

未来学としての「四日市学」

大気汚染が深刻な地域であった四日市市は、公害都市から未来の環境保全都市をめざしている。行政による環境規制や企業の脱硫装置などの技術導入による積極的な環境政策、四日市公害裁判による住民の環境意識の向上などにより、きれいな空気を取り戻すことができたとされ、四日市市は一九九五年に国連のグローバル五〇〇賞を受賞した。

しかし、四日市公害問題をもたらした大気汚染は、いまもなお顕在化しているのである。四十年前は固定発生源としての四日市コンビナートからの大気汚染が主だったが、現在の大気汚染は、伊勢湾沿岸の人口密集地域や道路網の発達に伴う自動車などからの移動発生源としての大気汚染物質が主となっている。さらに、大気汚染物質が海風によって内陸まで移動することによる大気汚染地域の広域化が懸念されている。四日市公害をもたらした大気汚染は解決済みの過去の問題ではなく、いまなお現在進行形であり、未来の環境へ深刻な影響を及ぼす大きな要因のひとつとなっているのである。

固定発生源や移動発生源からの大気汚染物質の発生、海風による大気汚染物質の輸送によって山麓部が大気汚染物質の溜まり場となる問題は、大気汚染問題の解決のためにその要因分析や対策がひじょうに複雑であるため、総合環境学としてのアプローチが必要となる。大気汚染のメカニズムの解明、影響の評価、政策的提言をおこなうためには、気象・気候学、地形学、ＧＩＳ（地理情報システム）、公衆衛生学、生物学などの自然科学および医学的研究、環境と開発との両立をはかる産業や企業の取り組み、ライフスタイルの改善、環境教育の充実、大気汚染規制の効果的な環境対策など、人文社会科学を横断的に繋ぐ学際的・総合環境学的な取り組みによる過去・現在・未来への展望が要求される。「四日市学」の未来学的側面は、公害都市から未来の環境快適都市として四日市地域がどのように再生するのかを提案するものである。

環境教育学としての「四日市学」

環境教育学の根底には、環境倫理（正義）側面から接近する人間学的考察が欠かせない。「四日市学」は、四日市喘息患者が社会的弱者であることを明確にし、彼らが不正義な社会システムから生み出された被害者であり、その生存権を守ることによって正義の回復をはかる方法論的考察である。すでに先達がおこなってきた疫学的研究を再評価し、環境問題に対する哲学的・倫理的側面に、法学的・経済学的・文化的・環境地理学的研究を加え、学生に問題解決型、直接・関接に体験ができる実践的環境教育をめざしている。

「四日市学」の環境教育学的アプローチは、二〇〇四年四月から三重大学の共通教育における総合教育の一環として開講され、現在に至っている。講師は三重大学ほか大学の教員、三重県や四日市市の行政、国際環境技術移転研究センター（ICETT）および、元原告、公害問題の語り部、

三重大学における四日市学講座（2004年4月）

企業側、NPO（非営利団体）、四大公害の水俣病・イタイイタイ病・新潟水俣病・四日市喘息研究の権威など、さまざまな分野の専門家が担当している。最終講義として、「四日市学――四日市公害問題の現代的再評価と国際環境協力」と称した国際環境シンポジウムを開催し、学生と四日市公害病患者・四日市訴訟の元原告兼語り部、四大公害の関係者、東アジアや東南アジアの公害問題専門家などと議論させ、地域のみならずアジア地域との国際環境協力のあり方について真剣に考えさせるカリキュラムとなっている。

「四日市学」は、四日市公害を体験していない学生に四日市公害の過去・現在を理解させ、未来の環境快適都市をめざす人材育成を担う環境教育学である。

アジア学としての「四日市学」

「四日市学」は、三重県や四日市市など、狭い意味の地域圏に限定されるものではない。環境という概念はより広域的で、グローバルなものである。「四日市学」は、このことも十分に認識し、日本の水俣病・イタイイタイ病・新潟水俣病などさまざまな公害発生地、さらには韓国、中国、極東ロシアなどの東アジアおよびタイ、ベトナム、マレーシア、インドネシアなどの東南アジアを視野に入れた、公害発生地の自治体や住民との連携が不可欠であるという展望をもっている。

このような展望を現実にするために、韓国ソウル大学（二〇〇二年三月二十一日）で第一回日韓国際環境ワークショップ・シンポジウムを開催し、四日市公害判決三十周年を記念した二〇〇二年七月二十三日には三重大学で第二回国際環境シンポジウムを、二〇〇三年十月十七日には第三回国際環境シンポジウムを、二〇〇四年七月二十四日には第四回国際環境シンポジウムを開催した。三重大学の研究者のみならず、韓国、中国や極東ロシア、マレーシアの研究者とともにアジアの環境問題の実態について報告し、国際環境協力のあり方について議論をおこなっている。

アジア諸国における大規模産業団地において、かつて日本の四大公害の複合型と言われる公害病として、韓国の国家産業団地（コンビナート）での「温山病《おんさん》」や中国瀋陽や重慶などでの喘息などが顕在化している。ここでの公害問題の解決に、四日市教訓を生かした国際環境協力が期待されている。アジア地域には世界の約三分の一を超す人々が住んでおり、経済発展に伴って環境問題が最も懸念されている。とくに、日中韓では、ほぼ二十年おきに経済が飛躍する代償として各種の公害や環境問題が必ず発生している。日中韓が公害対策の経験を交流すれば、四日市で四十年かかったものを、韓国は二十年で、中国は十年で克服できるだろう。産学官民による四日市公害の現代的評価と国際環境協力を探る時期にすでに来ている。

「四日市学」は、東アジアや東南アジアとの国際環境協力のあり方を探るアジア学でもある。私たちは、環境快適都市をめざしている四日市市に「四日市・アジア持続可能な環境センター」を構築することを提案している。

判決の日のこと——一九七二年七月二十四日

吉田克己

一九七二年七月二十四日、五年近くの歳月を閲した四日市公害訴訟の判決の日、私は多くの人達でいっぱいとなり、立錐の余地のないくらいの津地裁四日市支部の構内に入った。思えば一九六九年四月二十四日の私の第一回目の証言（疫学関係）から始まり、私の最後の証言（気象と汚染物質の到達関係）までの何回かの主尋問、反対尋問で、主証人として関係証人の中で一番多くの回数をこの裁判所の証人席に立ったことを思い出しながら、開廷を待つ多くの人達の喧騒の中に立っていた。

この訴訟が、日本の大気汚染の行方をきめるものであることは、外ならぬ私自身が強く感じていた。五年近く前に、この訴訟が始まった時は、私はこの裁判の課題である四日市喘息についての三重県立大学医学部の一研究者に過ぎなかったのが、裁判の経過の中で、新たに設立された、この問題の根本的な解決を目指す三重県のプロジェクト・チームの責任者（大学と併任）として、わが国最初の排出総量規制の立案と実施に当たっていたので、この判決はある意味で、四日市のコンビナート企業に八割以上の汚染質の排出削減を要求する総量規制にかかる県公害防止条例の行方を左右する力を持つものでもあった。

私は、この訴訟の支援者の方が裁判所にならんで取得された傍聴券を頂いて、この歴史的な判決を聞くべく法廷に入場した。やがて、何回もの証人としての出廷の時に、証人席から何回もその正面上席にお目にかかっていた米本裁判長と陪席の後藤裁判官ほかが着席され、判決主文の言い渡しが始まった。

この判決がどのようなものになるにせよ、その影響は大きく、もはや九人の原告と六社の被告企業との間の勝敗の帰趨を超えた日本全体の問題となっており、日本の大気汚染対策の行方をきめるものであることが、社会的に大きく認識されるようになっていた。このため、ただでさえ狭い裁判所の構内は、その判決を報道しようとする十数社の新聞、テレビ各社の仮設テントで埋まっていた。

午前九時三十分開廷、米本裁判長は、判決文を朗読し始めた。ただマイクが悪いのか、なかなか聞き取りにくく、いささか早口でもあった。しかし、原告側の全面勝訴であること、賠償額もそれに見合ったものであることがわかった。

続いて、判決理由の朗読が始まり、工場立地、大気汚染の原因とその状況、原告らの罹患と大気汚染との関係についての疫学的調査結果、硫黄酸化物の影響の機構、動物実験などの各項目について述べられた。これらは、私やその共同研究者らが文字どおり心血を注いできた成果であるだけに、我々の証言が大きく認定されていることがわかる。

続いて、共同不法行為などの論告が開始されたが、外では各社の記者たちが感想記事を取りたいので、疫学関係を終わったところで退席してほしいと言われていたので、いささか心残りではあったが法廷外に出た。特に、汚染物質の到達と風向風速などの気象条件との関係や、私の京大医学部の同級生でもある佐川鑑定人（京大胸部疾患研教授）にかかる損害賠償の部分はしっかりと聞きたい点でもあったが、判決の中核である疫学関係についての裁判所の判断はよくわかったし、後はすぐ入手できるであろう判決要旨を見ればよい。

外に出ると、各社の記者が殺到し、「おめでとう」の声がかかり、その感想を求められた。「予想以上の勝訴といえるのではないか、特に疫学的因果関係が問題なく認められたのは大変喜ばしく、今後の大気汚染の責任を求める同種の訴訟に大きな寄与をもたらすのではないか」と言うと、「よかった、よかった」と記者までが喜んでくれ、「これで日本の大気汚染対策は急速に前進しますよ」と言ってくれた。

その中で、ある社の記者は「県の総量規制責任者としてどう考えるのか」といわれてハッとした。私は原告患者側証人の大学教授であるとともに、現職の四日市公害の根本的解決策を立案、実施する三重県知事直轄の制作チームの責任者でもある。「この判決を厳粛に受け止め、総量規制を厳正に実施し、四日市公害の全面的解決にあたりたい」と述べさせてもらったが、考えてみると、この訴訟の提訴以来、何回かの公判の経過の中で、四日市公害の本質が広く社会に伝えられ、県が排出の総量規制というわが国で初めての強い規制策を企画、実施する役割を私に与えたのも、この訴訟の経過の中での大きな社会的影響であったといえる。

この訴訟を提起し、これを勝訴させることによって、患者さんたちの医療費、労働障害による損傷などの窮状を救うようにし、また、この訴訟を中心にして患者さんたちやその支援者らを結集し、その輪を膨らませて、大気汚染解決の大きな市民運動に発展させていきたいので、私にぜひ協力してほしいと、当時の四日市市議であり、自治労の幹部でもあった前川氏の努力も、この勝訴によって大きくその目的を達成したといえる記念すべき日でもあった。

（三重大学名誉教授）

第1章

負の遺産から新しい環境学の地平へ

朴 恵淑

1　四日市公害問題とは何か

　伊勢湾を取り巻くようにして位置する三重県は、一九六〇年代に四日市公害問題で苦しんだ地域をもつ。しかし、現在ではその問題のすべてが解決できたかのような、いわば公害問題を「過去の負の遺産」としてとらえてしまっている部分があるのではないだろうか。

　環境先進県をうたっている三重県だが、負の遺産をつくってしまった産業優先政策の失敗や、四日市喘息に代表される住民の健康被害に対して適切な施策をおこなったのか否かについて、行政の自己検証を含めて、過去の教訓を生かした有効的、かつ積極的な環境政策に取り組んでいるのかどうか、疑問である。環境の二十一世紀に何をめざしているのか、明解な答えが出されていないのが現状である。

　四日市公害問題を、たんに負の遺産として風化させることなく、持続可能な環境快適地域づくりの成功事例として蘇らせるためにも、問題が起きた社会的・経済的背景や公害の発生メカニズム、克服にいたる諸プロセスの正確な検証をおこなう必要があるだろう。だが、四日市公害問題に関わったさまざまな分野の関係者の高齢化や死去、関係資料の未整理などにより、貴重な資料が消失してしまうことが懸念されている。

いま、四日市公害問題の再評価をおこなう意義はひじょうに大きいといえる。

四日市コンビナートの成立

四日市は、東海道五十三次の宿場町のひとつである。東海道と伊勢（参宮）街道の分岐点でもある交通要衝の地であり、毎月四のつく日に市が立つことから、四日市と名づけられた。しかし、一九五〇年代後半、市南部の塩浜地区にあった旧海軍燃料跡地の広大な用地と残存施設、そして港湾、用水、交通の便に恵まれる利点が生かされ、当時の日本のなかでも最も新しい石油化学コンビナート地域として開発された。四日市コンビナートは、五八年に精油所（昭和四日市石油）、五九年にエチレン分解センター（旧三菱油化、現三菱化学）が操業し、第一コンビナート（塩浜地区）が稼動を始めた。その後、六三年には市中部臨海部の午起《うまおこし》地区埋立地に大協和石油化学を中心とする第二コンビナート（午起地区）ができ、七二年には市北部の霞ヶ浦地先が埋め立てられ、新大協和石油化学（現東ソー）を中心とする第三コンビナート（霞地区）が稼動し、八二年には原油処理能力五二・五万バレル、エチレン生産能力七一・一万トン／年を保持する日本有数の石油化学コンビナートが形成されるようになった（国際環境技術移転研究センター『四日市公害・

四日市塩浜コンビナートを覆う煤煙〔1970年8月〕（写真提供：中日新聞社）

環境改善の歩み――地球環境への貢献を目指して』一九九三年）。

四日市公害問題の出現と対策

一九六〇年代に入り、四日市コンビナートによるばい煙、悪臭、硫黄酸化物（SO_X）が引き起こした大気汚染、含油排水がもたらした伊勢湾産の悪臭魚の発生と水質汚濁などの公害問題が発生した。硫黄酸化物（SO_2）による大気汚染は、喘息などの健康被害の要因となり、六七年には住民側による被告六社を相手取った「四日市公害訴訟」に発展し、七二年七月二十四日に津地方裁判所四日市支部で原告勝訴の判決が下された（吉田克己『四日市公害――その教訓と21世紀への課題』柏書房、二〇〇二年）。

四日市コンビナートは、日本でも最も古い世代のコンビナートであったために、公害に対する認識や対策が極めて未熟であった。とくに、第一コンビナート（塩浜地区）は、工場群と居住区域が接近していて、風向きによって隣接する塩浜地区や磯津地区に局地的に高濃度地帯が出現した。六〇年にはすでに塩浜地区の住民から騒音、悪臭、振動の被害状況と対策の要請が四日市市に提出され、翌年には喘息患者が発生しはじめていた。六一年三月に磯津地区で実施された大気汚染測定値は、二酸化硫黄（SO_2）濃度の一時間値が許容値の十倍である一ppmを超えており、最高で一・六四ppmを記録した（現在の二酸化硫黄（SO_2）濃度の環境基準値は、一時間値の一日平均が〇・〇四ppm以下であり、かつ、一時間値が〇・一ppm以下である）（上野達彦／朴恵淑共編著『環境快適都市をめざして――四日市公害からの提言』中央法規、二〇〇四年）。

七一年二月に、第一コンビナートの石原産業四日市工場における廃硫酸の日当たり約二万トン（計約一億トン）の垂れ流しに対する、工場排水規制法、港則法、三重県漁業調整規則などの違反容疑で津地検が同社を起訴。八〇年三月に津地裁は同社を有罪とした。元工場長二人に懲役三カ月（執行猶予二年）、会社に罰金八万円の判決だった。

四日市公害に対する三重県および四日市市の環境政策は、「四日市公害訴訟」を契機に抜本的な転換がはかられた。国に先立ち、三重県は大気汚染物質の排出量減少をはかる最も厳しい措置である「総量規制」をおこなった。「三重県公害防止条例」は、六七年に制定され、六八年の

校舎のすぐ裏には煙突が……（塩浜小学校、2002年7月）

施行、七二年の改正を経て実施されたが、二酸化硫黄（SO_2）の年平均環境保全目標値は国レベル（〇・〇五ppm〔現在は〇・〇四ppm〕）を下回る〇・〇一七ppmに、二酸化窒素（NO_2）は〇・〇二ppm（国レベルは〇・〇四―〇・〇六ppm）となり、現在にいたっている。

「総量規制」による目標値の達成のために、各企業による低硫黄燃料の確保や排煙脱硫装置などの導入などがおこなわれた。規制前の硫黄酸化物の年間排出量は約一〇万トンであったが、七五年には年間一・七万トンまで減少し、七六年には四日市コンビナートのみならず、四日市市全域が最終目標値の〇・〇一七ppm以下となった。その結果、硫黄酸化物に関する緊急時の発令状況は、六七年の第一種警報五回、第二種警報三回をピークに減少し、一九七二年からは一回も発令されていない〔上野／朴、同上〕。自治体の公害対策と住民による四日市公害訴訟は、企業の取り組み姿勢を大きく変換する契機となったといえる。

公害病患者の救済については国の制度が未整備であるなか、六五年には「四日市市公害関係医療審査会」が設置され、四日市市単独で認定患者に対する医療給付（市費負担）が始まった。国が「公害対策基本法」二一条を受けて「公害に係る健康被害の救済に関する特別措置法（公害救済法）」を施行したのは七〇年二月からで、以降、七〇年から七四年まで認定患者に対して医療費などの給付が実施された。四日市地域における認定患者数の推移は、一九七五年の一一四〇名が最も多く、その後除々に減少し、現在も約六〇〇名（総数は一七三八名）の患者がいる。

四日市公害問題と住民運動

さて、四日市公害問題を住民の視点からも簡単に振り返っておきたい。

一九六〇年四月に、塩浜地区連合自治会による公害に対する最初の異議申し立てが平田佐矩四日市市長に出された。それは、住宅に接して建設された工場の操業に伴う騒音、振動、悪臭、すすなど、人間の目と耳、鼻、体で感知できる公害で、夜もおちおち寝ていられないという内容であった。自治会からの陳情に、平田市長は市長の諮問機関として「四日市公害防止対策委員会」を設置し、大気汚染による人体への影響や大気の流れなどの基礎データを集めることにした。翌年の六一年三月に中間データがまとまり、塩浜地区内の磯津の亜硫酸ガスは他地区の六倍近い数値であることが明らかになり、磯津で喘息発作の患者が発生したことで、四日市公害問題による住民への健康被害が顕在化した。

第一コンビナートの塩浜地区のなかでもコンビナートの対岸にある磯津地区は、とくに大気汚染による被害がひどい地域で、四日市公害の原点でもある。第二コンビナートの稼動開始に伴い、悪臭（卵の腐ったような臭い）、騒音、振動、ばい塵などが隣接地区（磯津、橋北地区など）を襲い、乳児や病人を避難させるなどの騒動が起きた。六三年六月に、磯津漁民が、磯津近辺の異臭魚が売れないことから、中部電力三重火力発電所に対して鈴鹿川の水を冷却に使ったあと港へ放流、もしくは使った海水を港へ放流することを中止するよう要求した。しかし、その要求が聞き入れられず、排水口を封鎖する実力行動が起きた。磯津漁民ばかりでなく、塩浜地区の住民を中心とする反対運動はピークに達した。十一月には、通産・厚生の両省による黒川真武調査団が四日市市を来訪し、四日市をばい煙規制法の指定地域にすべきかの調査がおこなわれ、翌年五月に施行となった。

六四年一月に、三重県立大学医学部教授の吉田克己を中心とする住民検診が磯津で実施され、呼吸器疾患の患者が多いことが明らかになり、集中治療を必要とする一部の患者は入院させられた。三月には、黒川調査団による「地元医療機関に空気清浄室を設けること」という一項が入る勧告がなされた。四月に、塩浜の古川喜郎（当時六十歳）が肺気腫で死去した。最初の公害犠牲者である。七月には、四日市医師会から「医師が公害による疾病と認めたとき、医療費を四日市が全額負担する」ことを要求するなど、患者を救うさまざまな動きがあり、十二月に平田市長は、「喘息患者の治療は来年度から全額市費でおこなう」との構想を発表した。六五年五月に公害認定制度が発足し、四日市喘息患者の治療は全額市費でおこなうこととなった。この制度は、やがて国によって全国の大気汚染地区で実施されるようになった。

六六年七月に、大平卯三郎（当時七十六歳）が「死ねば薬もいらず楽になる」との遺書を残して自殺し、六七年六月には大谷一彦（当時六十歳）が自殺、十月には塩浜中学校三年生の南君枝（当時十五歳）が「家に帰りたい」との最後の言葉を残して発作による呼吸困難で亡くなるなど、公害患者の死亡が相次ぐなか、六七年九月に四日市公害訴訟が津地方裁判所四日市支部へ提訴された。

六八年十月に、公害患者十数人が集まり、「四日市公害認定患者の会」（代表：山口心月）が発足した。六九年十月に、「公害を記録する会」が四日市公害の原点地である磯津において、「磯津の人々に学び、反公害に役立つこと」を目的に公害市民学校を開催した。七一年九月には、公害をなくす裁判をやろうと公害患者と遺族を中心とする二次訴訟原告団が磯津で結成された。七二年三月には、塩浜小学校が校歌の歌詞のうち「科学の誇る工場は……希望の光です」とコンビナートを歌い上げた校歌を卒業式で歌うことをやめ、その後、問題の歌詞を改作した。七二年六月には、三菱油化の新たな河原田工場建設計画が地主や住民の反対によって断念させられた。同年七月二十四日の四日市公害裁判の原告患者側勝訴の後、磯津地区公害患者と遺族は、二次訴訟をやめて直接交渉に入り、十一月に報償協定書に調印した。一方、公害認定患者以外の磯津住民は、ガスを吸われたのは患者だけではないと六社に補償を要求し、六社が磯津公民館を建てて寄贈することで妥協した（四日市再生「公害市民塾」『四日市公害の出来事を追って――公害の原点・四日市を通して考える』二〇〇四年）。

四日市公害訴訟

一九六七年九月の四日市公害訴訟は、県立塩浜病院に入院中の磯津の公害認定患者九名（塩野輝美（当時三十五歳）、中村栄吉（五十歳）、柴崎利明（四十歳）、野田之一（三十五歳）、藤田一雄（六十一歳）、石田かつ（六十二歳）、今村善助（七十七歳）、石田喜知松（七十三歳）、瀬尾宮子（三十四歳）が、第一コンビナートの六社（石原産業四日市工場、中部電力三重火力、昭和四日市石油四日市精油所、三菱油化四日市事業所、三菱化成工業四日市工場、三菱モンサント化成四日市工場）を相手にした訴訟であった。

原告の訴えは次のようであった。

「被告らの工場群から排出される煤煙中の亜硫酸ガスによる大気汚染によって原告らの磯津地区

住民の健康が侵害された。被告らは、このような侵害事実を十分知りながら稼動日以降今日まで、煤煙中の亜硫酸ガスを除去すべく設備改善を行わず操業を続け、原告に対する加害行為を継続した。被告ら各社の過失は明らかであり、被告らは、民法第七〇九条（不法行為の一般的要件・効果）[1]、同第七一九条（共同不法行為者ノ責任）一項[2]により、原告が蒙った損害を共同で賠償する責任がある」

北村利弥団長を中心とする弁護団の意見は次のようなことであった。

「死者まで出しながら、四日市市は第三コンビナートづくりを進めている。憲法第二五条（生存権、国の社会的使命）一項[3]は亜硫酸ガスの中で死んでいる。その責任を誰も負うことなく被害が進行している。この無責任状態にまず終止符を打たせよう。現実の被害に対し、一刻も早く、直接の加害者企業から、当然の賠償をさせることによって、もって行き場のない混沌の中に責任追求の一筋の道を切り開こう。最も素朴かつ単純な、直接の加害者への不法行為責任の追及という闘いを通して、国や自治体の施策の根本も俎上に上らざるをえなくなるだろう」

注

（１）民法第七〇九条［不法行為の一般的要件・効果］
故意又ハ過失ニ因リテ他人ノ権利ヲ損害シタル者ハ之ニ因リテ生ジタル損害ヲ賠償スル責ニ任ス

（2）民法第七一九条［共同不法行為者ノ責任］
①数人カ共同ノ不法行為ニ因リテ他人ニ損害ヲ加ヘタルトキハ各自連帯ニテ其賠償ノ責ニ任ス共同行為者中ノ孰レカ其損害ヲ加ヘタルカヲ知ルコト能ハサルトキ亦同シ

（3）憲法第二五条［生存権、国の社会的使命］
①すべて国民は、健康で文化的な最低限度の生活を営む権利を有する。

七二年七月二十四日、津地方裁判所四日市支部（米本清裁判長）で、「四日市公害訴訟」は原告側勝訴が言い渡された。裁判所前で開かれた「勝訴判決報告集会」で、原告を代表して野田之一は、「裁判には勝ったが、これで公害がなくなるわけではない。なくなった時にありがとうと挨拶をさせてもらう」と述べた。敗訴した企業は、中電を除く五社が翌日に控訴を断念。中電も一日遅れて断念したことで、判決が確定した。

私たちは、四日市公害裁判を担当した三人の裁判官のうち、唯一の生存者である後藤一男元裁判官に対して、二〇〇四年六月四日にヒアリングをおこなった。後藤元裁判官は、「裁判官は判決文にてものを申す」と言いながらも、「判決文作成において、大気汚染問題であるために大気環境に関する用語や疫学に関する専門医学用語などに関して猛勉強をしなければならなかったし、正直、四日市公害訴訟が一審で確定されるとは思わなかった」と振り返った。大変きびしい裁判であったことがうかがえる。

次のような判決文の一部分は、企業の本来あるべき社会的責任を果たさなかった問題や、行政の責任に対する痛烈な批判であり、命の尊厳に関する環境正義（倫理）のあり方を問う哲学であり、その後の水俣病判決をはじめさまざまな公害裁判においてのマイル・ストン（布石）となった。

「仮に、被告ら主張のように、過失を結果回避義務と解し、最善または相当の防止措置を講じたときは、免責されると解するとしても、公害対策基本法が、経済との調和条項を削除して、国民の健康の保護や生活環境の保全の目的を強調する改正を行ったことにかんがみると、少なくとも人間の生命・身体に危険のあることを知りうる汚染物質の排出については、企業は経済性を度外視して、世界最高の技術・知識を動員して防止措置を講ずべきであり、そのような措置を怠れば過失を免れないと解すべきである」（『判例タイムズ――四日市公害訴訟判決』二八〇号、一九七二年八月、一〇〇―一八一ページ）。詳細な判決文に関しては本書第2章を参照していただきたい。

公害のまちから環境のまちへ

四日市公害訴訟は、大企業を相手にした住民側からの訴訟でもあったために、当初は社会的弱者である住民側が勝つとは誰も思っていなかった。しかし、原告の一人である野田之一は、「どうせ死ぬなら、社会正義のために闘ってやろう」と思っていたと三十二年前を振り返っている。

また、「工場がくれば市が発展するとみんなが大きな期待をしていた。しかし、自然は破壊され、人命は戻らない、つまり、四日市は結局損した！」という彼の言葉や、四日市公害記録の生き証人と言われる澤井余志郎の、「大学の学者や研究者は、公害問題について数字で説き伏すことをしていいのか疑問が残る。被害者や住民は数字ではなく、感情と信用で向き合ってきている。公害記録はありのまま書く、話し合う、行動すべきで、公害反対の運動は住民（被害者）が中心となり、関係者は助人に徹する」という一貫した姿勢は、何を語っているのだろうか。

つまり、四日市市が公害のまちから環境のまちへ軌道修正をおこなった契機は、環境より経済優先政策が重視されていた国や自治体のあり方に対する、大多数住民の声なき声の怒りであり、それが社会を動かす大きな原動力となったということではないだろうか。

一九九五年六月五日に、環境保護や改善に功績のあった個人や団体に贈られる国連環境計画（UNEP）のグローバル五〇〇賞が、四日市市と加藤寛嗣市長に授与された。九月には、「快適環境都市宣言」が市議会で議決されたが、その宣言文は次のようになっている。

「さわやかな大気、清らかな水、緑豊かな自然の中で、安らぎと潤いに満ちた暮らしを営むことは、すべての人々の基本的な願いであります。しかし、今日、私たちの活動は、私たちの身の回りの環境のみならず、人類の生存基盤である地球環境に深刻な影響を与えつつあります。私たちは、人も自然の一員であることを深く認識し、自然と調和した町づくりを進め、良好な環境を将来の市民で引き継いでいかなければなりません。市民、事業者、行政が一体となって、二度と公害を起こさないとの決意のもと、地球的な視野に立ち、良好な環境の保全と創造をはかるため、私たちは、ここに四日市市を『快適環境都市』とすることを宣言します」

公害のまちから環境のまちへ転換をはかる「快適環境都市」は、たんに四日市公害の克服や公害終結として位置づけられるのではなく、顕在化している環境問題について過去の経験やノウハウを生かした最先端地域として位置づけられなければならない。四日市コンビナートを安全で公害のないものにし、大気汚染や水質汚染のない空や海、緑豊かで、文化的なまちづくりが求められている。

四日市喘息で苦しむ人々は四十年を過ぎたいまも私たちに「人間とは何か」「近代とは何か」「自然は誰のものか」など、人間と自然とのあり方について重い問いを投げかけている。いったん破壊された自然を元に戻すために、気の遠くなるような長期間に渡って莫大な資金と先進技術を投入したとしても、完全な復元は不可能であること、かけがえのない生命は戻らないことを自覚する必要があるだろう。

2　四日市公害から学ぶ「四日市学」

四日市喘息や水俣病、イタイイタイ病、新潟水俣病に代表される日本の四大公害は、一九六〇年代の急激な開発と工業化による自然の歪みとして顕在化した地域の環境問題であるが、いまや地球温暖化やオゾン層破壊などの地球規模の環境問題においても企業や国・自治体の責任だけでなく、環境負荷の多い私たちの生活自体にも責任が求められる。過去の公害問題や近年の環境問題の解決のためには、大量生産―消費―廃棄から適正生産―消費―最小廃棄というパラダイムの転換が必要不可欠だろう。こうしたことから、環境教育の重要性がいまあらためて認識されはじめている。

公害教育から環境教育への変遷

「公害」は「公的生活妨害」という法律用語の略語である。「公的」と明示されることにより、大気汚染や水質汚染などによって生活妨害が生じた時点において、その発生を中断・防除する措置を怠ったり、適切な指導を十分におこなわなかった国や自治体、企業などの生活妨害主体の責任を明確にしたといえる（川嶋宗継／市川智史／今村光章『環境教育への招待』ミネルヴァ書房、二〇〇二年）。

日本における一九六〇年代の環境教育は、環境破壊に対抗する公害教育から始まった。しかし、公害の原因となる汚染物質の排出企業や行政の責任を問う公害教育は、教育現場ではタブー視され、公害教育から環境教育への転換がなされたのは七〇年代に入ってからである。

アメリカでは、六二年にレイチェル・カーソンの『沈黙の春』が出版され、環境問題による生態系が受ける影響について問題提起し、大きな衝撃を与えた。七〇年代には、欧州地域の越境性大気汚染や酸性雨問題によるさまざまな悪影響が注目されるようになり、環境教育の重要性が指摘されるようになった。七二年のストックホルム人間環境宣言、そして七五年のベオグラードでの国際環境教育専門家会議（ベオグラード会議）では環境教育の六つの基本目標（認識・知識・態度・技能・評価能力・参加）が最初に成文化された（ベオグラード憲章）。七七年のトビリシでの環境教育政府間会議（トビリシ会議）では、環境教育に含まれるべき十二の基本原則が盛り込まれたトビリシ勧告によって環境教育の基本目標と原則がまとまった。

その後、九二年の国連環境開発会議（地球サミット）でのリオ宣言は、環境問題に関心のあるすべての市民が参加することにより、幅広い環境保全活動の活性化がはかれることを指摘した。

九七年にテサロニキにおいて環境教育のあり方を議論した環境と社会に関する国際会議において採択されたテサロニキ宣言では、環境教育を「環境と持続可能性のための教育」としてとらえるべきだと明言されている。地球サミットから十年後の二〇〇二年に開催されたヨハネスバーグサミットにおいて日本は、二〇〇四―二〇一四年の十年間を持続可能な開発のための教育（ESD）の十年とすることを提案し、国連総会にて採択された。世界各国は教育戦略および行動計画に持続可能な開発のための教育を盛り込むことが求められている。

日本は、二〇〇三年に環境・開発・人権・平和・ジェンダー・多文化共生・保健など、社会的な課題に関する持続可能な開発のための教育の十年推進委員会（ESD-J）を発足し、積極的に関わっている。また、地球温暖化防止をめざした京都議定書の批准（発効は二〇〇五年二月）などを経て、二〇〇三年には、環境の保全のための意欲の増進及び環境教育の推進に関する法律（環境保全活動・環境教育推進法）が施行され、環境教育・学習の基本方針が打ち出された。これは、現在および未来の国民の健康的かつ文化的な生活の確保に寄与することを目的としている（朴恵淑／歌川学『地球を救う暮らし方』解放出版社、二〇〇五年）。

実践的環境教育としての四日市公害

二〇〇四年十月から、環境保全の意欲の増進及び環境教育の推進に関する法律（環境活動・環境教育推進法）が完全施行されることになり、環境教育は学校教育のみならず、企業および社会教育（生涯教育）として実施されることが要求されている。自然の大切さおよび人間の尊厳が損なわれた四日市公害の過ちを繰り返さないために、私たちは二〇〇四年四月から「四日市公害から学ぶ四日市学」という講義を三重大学の共通教育の一環として開講した。

四日市公害の時代を自分の目や耳などで体験していない若い世代に、四日市公害をリアルに伝えることは容易なことではないが、大学教員以外にも四日市公害に直接関わった元原告や行政、企業、国際環境協力機関の関係者からなる多角的な講義を受けることにより、過去の負の遺産を未来の正の遺産に蘇らせるために、何を必要とするのかを考えさせるカリキュラムとなっている。「四日市公害から学ぶ四日市学」の代表的な講義内容の一端を紹介すると次のようである。

上野達彦・朴恵淑は「四日市公害から四日市学へ」について最初の講義をおこない、四日市公害の意義として次の二つの側面を挙げた。

①四日市公害問題はもはや解決済みの過去の問題と考える傾向があるが、公害患者はいまなお存命であり、いったん破壊された自然は元に戻らないことも含め、現在進行形なのである。四日市市が過去の公害のまちから未来の環境快適都市へ転換をはかるためには、持続可能な社会づくりへのパラダイム・シフトを必要とする。

②韓国の大規模産業団地の蔚山《うるさん》・温山《おんさん》地域での温山病や中国の重慶など重化学工業地域で見られる、かつて四大公害問題の複合型ともいえる公害問題は、四日市公害問題の教訓を生かした国際環境協力に向けてリーダーシップを発揮できるアジアの環境外交問題として位置づけられる。また、「四日市学」は、中国大陸から排出された大気汚染物質が数千キロ以上の距離に輸送され、朝鮮半島や日本に影響を与える越境性大気汚染問題について、迅速かつ有効な国際環境協力をおこなうために、行政、研究者、企業、市民やNGO（非政府組織）などによる認識共同体を構築させる有効なツールとなる。

上野は、このような観点から考えると、四日市公害は過去の負の遺産としてではなく、未来の正の遺産に変わる「宝物」となるのではないかと問題提起した。朴は、「四日市学」は生理的・社会的弱者のために環境倫理（正義）的側面からアプローチする「人間学」であり、公害のまちから環境のまちへ変えられる「未来学」であり、四日市公害を直接体験していない若者へ環境破壊の悲惨さを伝え、二度と同じような過ちが起きないように四日市公害の教訓から学ぶ「環境教育学」であり、日中韓ロの東アジアや東南アジアへの国際環境協力をうながす「アジア学」であることを強調した。

四日市公害訴訟の元原告で語り部でもある野田之一と四日市公害の記録を取り続けている澤井

余志郎は、「四日市公害の記録・語り」という題目で講義をおこなった。

　野田は、「四日市公害はまだ終わっていない」と言い切ったうえで、四日市公害は克服されたと言われているが、本当にそうだろうかと問いかけた。「確かに、工場から出る大気汚染物質は減ったかもしれないけど、コンビナートができる前の自然はいまだに戻っていない」。野田は、十五歳で漁師となったが、一番働けるときに喘息にかかり潜水もできない体となったため、病院に入院しながら早朝に漁に出かけ、夕方に病院に戻る生活を続けたと話し、「当時は長く生きられないと思っていたから、どうせ死ぬなら、死ぬ気で正義の闘いをしよう」と思い、四日市公害訴訟をおこなったという。「当時は経済成長をめざした時代だったから周囲の誰もが大企業に勝てるとは思っていなかったし、周りからも『金目当て』と批判する人もいたけど、自分はあと五年で死ぬと思っていたのだから闘えた」。野田はいまも漁師だ。四日市周辺の伊勢湾は、クルマエビがよく取れるほどのよい漁場だったが、いまの伊勢湾は浄化されたドブで、四日市の魚ということだけで高値はつかない。三十二年前の判決のさいに、「まだありがとうは言えない」と言ったが、昔の自慢できる古里のきれいな自然の姿が戻ったときにはじめて言えることだ

野田之一氏（2004 年 7 月）

現在の四日市コンビナート〔2004 年 7 月〕。向かって左下が第一コンビナート、中央臨海部が第二コンビナート、右下が第三コンビナート
（写真提供：四日市市役所）

からだ。いまもまだ「ありがとう」とは言えないのだという。

また野田は、こうも語った。

コンビナートができた当時、住民の大半が賛成したが、その背景には「これで経済が豊かになり、皆が金持ちとなる」という思いがあった。しかし、四日市コンビナートができて、二、三年後には「四日市喘息」が流行ったことから、一時の幻想に終わったことがわかるにはそれほど時間がかからなかった。アジアの国に大規模な工場が立てられたというニュースを聞くと、体の弱い子どもや年寄りが病気で苦しむであろうことが想像できる。四日市公害裁判は、アジアの環境改善に何が必要なのかを教えてくれる教訓になるだろう。

しかし、四日市市は相変わらずすっきりしない。「四日市公害資料館」の整備にもたもたしている。語り部は、自分と澤井の二人しかいない。語り部がいなくなり、四日市公害が過去になってしまうのは避けなければならない。人生は短い。自分たちがいなくなる前に公害の教訓を伝えていく環境を整えるべきだと結んだ。

澤井は、四日市公害は住民運動の歴史と重なり、次世代を担う子どもたちが公害の歴史を学べる環境教育の場として、資料館のあり方について述べた。県や市が別々に運営している三重県環境学習情報センターや四日市市環境学習センターの合理的な運営に、行政だけでなく、住民の力を活用する仕組みや、四日市公害の原点である磯津公民館の積極的な活用を考えるべきである。

ハードとしての箱物をつくるより、ソフトとしての展示物の工夫、プログラムの開発、語り部の育成に力点を置くべきだと強調した。

熊本学園大学教授の原田正純は、「水俣学と四大公害問題」の題目で、四大公害事例の教訓や被害の構造、いまなぜ水俣学か？ について講義をおこなった。四大公害に共通した点は、第一に公害による被害は被害者をとりまく人間社会だけでなく自然環境、生態系を含む広範なものであったこと、第二に、公害による住民への健康被害との因果関係を認めさせるために長い時間がかかり、対策が遅れたこと、第三に、認定制度によって被害者の疾患を制度的な疾患に限定し、基準をクリアできなかった被害者が締め出されたこと、第四に、被害者の自覚症状、精神的苦痛、社会的差別など体験的なものが軽視または無視されたこと、第五に、企業の責任は認められたものの、補償金が低額に抑えこまれたことや過去に対する補償であって、将来に対する補償は含まれなかったために年金、医療費、介護費など未来に対する補償は裁判以後の激しく長い交渉（闘争）によってのみ得られたこと、第六に、被害は直接汚染させられたものだけでなく、世代間をこえて及ぶ場合もある（流産・死産、胎児性水俣病などの場合）こと、第七に、個人はもちろん地域全体に被害がおよぶものであること、第八に、被害は複合的に重なり合いながら肥大化し、社会的弱者に集中すること、第九に、被害は長い時間を経過して、いまもなお継続しており、終っていないこと、であると述べた。

また、水俣病は一地方の気の毒な特異な事件でなく、私たちのまわりにある事件で、それを見つけるのが「水俣学」であると強調した。水俣学は、水俣病の医学的な知識を与えるための講座でなく、あらゆる学問分野、学界、政治、経済、裁判、行政、芸術、運動など各人が水俣病事件を通して何が見えるのか（どのような教訓を汲み取るか）という作業のために開かれたものである。つまり、水俣学は、弱者のための学問であり、バリアフリーの学問、グローバルな学問、「負の遺産」を生かす学問であり、既存の概念や分野を解体して大胆に再編する革新的な学問をめざす。そして、地域で地域の問題を地域の研究者と地域住民が共同して問題点を明らかにし、対策を模索することは、「地域の自立・自治」の問題そのものであり、「四日市学」のように、地域に根ざした○○学が広がることを期待していると締めくくった。

毎回の授業後に提出された学生からの感想やコメントのうち、ひとつを紹介することで環境教育をおこなう意義を探りたい。地元の四日市市出身でありながら、四日市公害について意外とわかっていないことや、この授業を通じて四日市公害を経験していない若い世代が、何を感じ、何を学ぼうとしているのかが浮かび上がる。

授業名――四日市公害から四日市学へ
講師――上野達彦・朴恵淑人文学部教授

日付——二〇〇四・四・一五
氏名——平井紗織
〈感想・コメント〉

四日市市民なのに四日市公害の事を詳しくちゃんとわかっていなかったと思う。そういう公害が起こり、その原因はコンビナートの発達にあり、現在でも苦しんでいるということは学校でも学んだし、おじいちゃんやおばあちゃんにも聞いた。しかし、「四日市公害って何？」と人に聞かれたらうまく説明できないと思う。それには、四日市公害は昔のことであって今はもう何も問題なく過ごせているのだから関係ないという気持ちがあったからだと思う。「四日市公害は宝物だ」という上野先生や「四日市公害から学ぶ四日市学は人間学・未来学・アジア学につながる」という朴先生の言葉が印象的だった。

四大公害のうち地元の大学の先生方が公害について研究し、そこから学んでいこうとしたのは三重大が初めてと聞き、びっくりした。私も判決文を読んでみたいと思った。今は環境汚染について敏感になっている世の中だからこの判決が出てあたりまえだと思っていたので、三十年前にこの判決が出るというのは異例なことだという見方をしたことがなかった。

日本では公害について世間の目が厳しくなっているが、外国特にアジアではまだ公害に苦しんでいる人達がいるのだと聞き、びっくりした。日本しか見てなくて周りの国々を見てない証拠だろうと思う。高校生の頃、韓国へホームステイをしに仁川へ行ったことがあるが、路上駐車が多いがきれいな街だと思っていたが、あんなに発達した国にもまだ公害で苦しむ地域があるとは知らなかった。昔の日本がそうであったように、中国や韓国など急激に工業等が発達した国では、市民の安全よりも工業の発達を重視しているのだろうと思う。四日市公害と同じ悲劇を繰り返してほしくないと思う。そのために私たちが何を学び、何をできるのかをこの講義で知り、自分でも情報を集めていきたい。

最初は四日市市民だから、ちょうどいい四日市を学べる講義があるからとってみようというくらいの気持ちでこの講義を取ったが、情けないが四日市について自分はほとんどわかっていないし、他地域に目を向けてものを見ようとしていなかったように思い、この講義を通してもっと四日市について学び、自らももっと自主的に調べてみたいと思うようになった。いまだに日本でも環境汚染があり、自分もその原因だと自覚していなかった。普通に電気をつけっぱなしにし、水をだしっぱなしにしていることが環境汚染につながるのだと自覚していなかった。

3　韓国・中国など東アジアとの国際環境協力

一九八〇年代以降、東アジア地域（中国、韓国、台湾）の経済発展はめざましく、世界の注目を集めている。一方では、石炭を中心とした化石燃料消費量の急増に伴い、大都市部では大気汚染が深刻な環境問題となっている。世界保健機構（WHO）／国連環境計画（UNEP）によると、世界でもっとも硫黄酸化物（SO_2）濃度が高い十都市のうちに、東アジア地域の三都市（北京、ソウル、上海）が含まれている。

とくに中国は、近年の急激な経済成長や二〇〇八年の北京オリンピック、二〇一〇年の上海万博の開催が予定されていることから、エネルギー消費の増加や都市化に伴う大気汚染や水質汚染などの環境問題が懸念されている。過去十年間（一九九〇―二〇〇〇年）の中国の硫黄酸化物排出量は、日本の約二十倍以上を占める。韓国における過去十年間（一九九〇―二〇〇〇年）の硫黄酸化物排出量は、日本の約一・五倍を占める（朴恵淑／米本昌平「環境外交のための科学――東アジアを対象とした長距離輸送モデルの政策的有用性評価」「Studies：Life Science & Society」

五号、二〇〇一年、八九―一二四ページ）。韓国の『環境統計年鑑』（韓国環境部、二〇〇三年版）によれば、総エネルギー消費量が過去十年間（一九九三―二〇〇二年）において約一・六倍増加している。経済発展に伴う韓国や中国の大都市および工業地域の大気汚染は、住民への深刻な健康被害の要因となっている。

韓国の「温山病《おんさん》」

韓国の蔚山《うるさん》工業団地（コンビナート）は、韓国の最初で最大な国家産業団地として一九六二年に造成された石油化学、自動車および造船工業を中心とする重化学工業団地である。また、七四年から造成された温山工業団地は、蔚山工業団地と隣接した非鉄金属工業、精油、化学パルプ工業を中心とする工業地域である。八〇年代に入って、これらの工業団地では「温山病」と称する公害病が表面化している。

温山住民が集団的に、関節の痛みや神経痛を訴えたのは八三年からである。八四年に、ソウル大学校環境大学院を中心とする調査研究チームによって、関節の痛みや神経痛を患う患者がほかの地域の一・五倍以上にあたることが指摘された。八五年一月に主要日刊紙に「温山工業団地住民五〇〇余名がイタイイタイ病症状」と報道されたことで、「温山病」は全国に知られるようになった（「韓国日報」一九八五年一月）。しかし、環境庁（部）は「温山病」は公害病でなく、たんなる原因不明の怪疾であると発表した。そのときから「温山病」は公害病なのか、たんなる「温山怪疾」なのかの真二つの異なる見解に分かれ、今日にいたっている。

温山工業団地地域の住民が痛みを感じる部位は腰、足、全身、腕、肩などが多く、苦痛の程度としては、挙動不能、挙動はできるものの、仕事や運動困難、不眠などが多くみられる。韓国政府は、最初から「温山病」は公害病ではないとの結論を出し、その結論を裏づける調査が先行されたために、精密検査がおこなわれていなかったことに加え、患者の高齢化や移住などにより「温山病」に関する原因はいまだに究明されていない。

水俣病の原因を究明した熊本学園大学教授の原田正純は、私のインタビュー(二〇〇三年五月三十日)のなかで、蔚山・温山工業地域の水質汚染や大気汚染について次のような見解を示している。

①蔚山・温山工業地域のおもな汚染物質は、銅や亜鉛の精錬によるカドミウム、鉛、クロムであり、そのほかに水銀、ヒ素、マンガンなどの重金属の複合汚染が考えられる。
②工業排水が流出する河川、海水および海底に棲息する生物からの高濃度の重金属が検出されている。
③場所によって、高濃度の降下粉塵による汚染が顕著である。八一年の資料においても、工業団

地内の単位面積当たりの粉塵が一日あたり二トン、周辺地域では〇・三トンで、粉塵に含まれている重金属は、カドミウム七・一グラム、鉛二五〇グラム、亜鉛一二・三五グラム、銅七七四グラム、ヒ素二二・八グラムと報告されている。大気汚染による工業団地内の局地的汚染も指摘されている。

④数回にわたっておこなわれた重金属の分析結果によっても、蔚山・温山工業地域の汚染は現在でも進行中であることがわかる。

⑤「温山病」は、温山工業団地起因による重金属の複合汚染の可能性が十分に考えられる。「温山病」が、非特定多数の企業からの多様な有害物質による複合型公害病として認められるためには、まず、各地域の汚染の特徴をとらえる必要がある。住民の健康障害との関係を対応させ、特異性を検討する四日市公害でおこなわれたような疫学的側面での解明が必要だ。その究明のためには、国際的な取り組みによる学際的・総合的研究が必要であり、日本企業が合作投資の形態で韓国に進出していることから、公害問題の解決のために日本の積極的な協力が必要不可欠である。

中国瀋陽市の呼吸器疾患・ガン死亡率

一九九八―二〇〇二年までに中国の代表的重工業地域である瀋陽市の工業地区における大気

汚染の状況および呼吸器疾患やガン死亡率を調べた研究（山内徹「中国・瀋陽市の大気汚染と住民の健康への影響」前掲『環境快適都市をめざして』二四四―二六七ページ）によると、硫黄酸化物（SO_2）濃度は、年平均値が〇・〇八二ppm、冬季の一月の平均値が約〇・一六ppmで、日本の環境基準値（〇・〇四ppm）の約二―四倍を占めている。工業地区のカドミウム、鉛、マンガンなどの平均値は世界保健機構（WHO）の大気基準ガイドラインの値より約二―三倍高く、発ガン性物質とされるニッケルなどは、生涯暴露による発ガンのリスク限界値の五―一〇〇倍に相当した。

工業地区の小学校児童（三五三人）の硫黄酸化物の個人被曝量は、近郊農村地区の児童（三七七人）に比べて約二倍以上であった。「せき」や「たん」、「喘息」などの呼吸器自覚症状の有症率においても工業地区の児童が近郊農村地区の児童に比べて約二倍ほど高かった。瀋陽市の肺ガン年齢調整死亡率は、男子が人口一〇万対九〇後半（工業地区では一一五）、女子が六〇前後（工業地区では八二）を示し、日本との比較では、男子が二倍、女子が四倍ほど高い率を示した。

大気汚染と発ガン要因に対する直接的因果関係を立証することは困難な作業ではあるが、これまでのノウハウが生かされる国際環境協力により可能となるだろう。

国際環境協力による日韓の大気汚染測定・健康被害調査

韓国や中国の大気汚染は国内だけでなく、季節風に乗って日本に飛来し、住民への健康被害や森林枯死などの生態系へ悪影響を与えることが懸念されている。つまり、中国大陸や朝鮮半島からの大気汚染物質が風に乗って長距離移動し、日本に落ちてくることで、かつて四日市公害でみられる被害地域が全国的に広がることが懸念される。とくに、日本海沿岸の森林枯死の主要因として、越境性大気汚染が指摘されている。

実際に、日本の硫黄酸化物の排出量は過去二十年間（一九七五—九五年）に約二五パーセント減少したが、硫黄沈着量は逆に増加している。とくに、日本海に面する地域では、北西季節風が強くなる冬季に硫酸イオンの値が著しく高くなることから、中国や韓国からの大気汚染物質の長距離移動によるものと考えられている。日本の研究者は、中国からの大気汚染物質が日本の大気汚染物質の総量の約三〇パーセント以上を占めるとの研究結果を発表することに比べて、中国の研究者はその十分の一にあたる約三パーセントに過ぎないとの研究発表をおこなっており、各国の科学におけるスタンスの差が明らかである（朴恵淑「東アジアの大気環境問題と国際環境協力」「地理」五六〇号、二〇〇二年、古今書院、八—一四ページ）。このように、越境性大気汚染問題について東アジアの日本、韓国、中国の三国の立場には大きな開きがあるが、国際環境協力によって三国に跨がる大気汚染問題の環境改善がはかれることについては共通認識をもっている。

しかし、政府レベルでの国際環境協力は国益が優先されるため、有効な枠組みを構築できるまで長期間を要する。研究者や市民、NGO（非政府組織）による民間レベルでの国際環境協力は、地球益のための迅速かつ有効な取り組みが可能となる。

日韓共催でおこなわれた二〇〇二年のワールドカップサッカー大会の前に、民間レベルの日韓共同大気汚染濃度測定プロジェクト（Hye-Sook PARK, Air Pollution/Quality in the Japanese Enormous Cities; Working Towards the 2002 World Cup Game, World Cup and Urban Air Pollution Issues, *The 12th International Conference on Air Quality Conservation*, Seoul, Korea, Aug. 28, 2002, pp.57-79）を立ち上げ、日韓両国の研究者やＮＧＯ（非政府組織）、市民、学生の約一万九〇〇〇名（日本から約一万名、韓国から約九〇〇〇名）が参加し、二〇〇二年三月十三日から十五日にかけて、日本五七三地点（東京、横浜、川崎の東京湾周辺の二〇九地点および岐阜県、愛知県〔名古屋など〕、三重県〔四日市、津など〕の伊勢湾周辺の三六四地点）、韓国六〇四地点（ソウル三五七地点、仁川一〇一地点、水原五六地点、釜山三〇地点、蔚山三〇地点、大邱三〇地点）の合計一一七七地点で、天谷式簡易測定カプセルを用いて、二酸化窒素（NO_2）の同時測定をおこなった（朴恵淑／長屋祐一『わたしたちの学校は「まちの大気環境測定局」』三重県人権問題研究所、二〇〇〇年）。また、ワールドカップ大会開催中の六月十三日から十四日にかけても同時測定をおこなった。

韓国の諸都市は、日本に比べて〇・〇一五―〇・〇二五ppmほど高い濃度を示す。韓国のほとんどの大都市の大気汚染濃度は、環境基準値（全国〇・〇八ppm、ソウル〇・〇七ppm）を大きく上回る。日本の東京都の一部、横浜、川崎においては、環境基準値（〇・〇四―〇・〇六ppm）を上回る地域が約二五パーセントを占めている。とくに、四日市は環境基準値を超える〇・〇六五―〇・〇七八ppmを、名古屋は〇・〇四八―〇・〇六四ppmを示すなど、両国ともに大気汚染問題は、いまだ深刻な状況であることが明らかになった。

図1（次ページ）は、ソウルにおける二〇〇二年三月十三日午後四時から翌日の十四日午後四時までの二酸化窒素（NO_2）濃度を示したものである。ソウルの二酸化窒素（NO_2）濃度は、ほとんどの地域において大気環境基準（二十四時間平均値）の〇・〇七ppmを上回る高濃度を示している。とくに、ソウルの中心部や副都心、大規模アパート団地では、過去四日市公害発生時の磯津周辺のような〇・一ppmを越え、喘息などの健康被害が懸念される。韓国は、一三〇〇万台の自動車やエネルギー使用量が二億TOE（石油換算トン：1TOE＝10^7kcal）を超えるなどエネルギー多消費型の社会構造をもっているため、大都市における硫黄酸化物や窒素酸化物の高濃度は改善されず、とくに児童や老人の喘息や呼吸器疾患などが多発している。また、六月はオゾン濃度のピーク時となるため、窒素酸化物濃度から光化学オキシダント汚染への変質による光化学スモッグ警報が頻繁に発令されている。

図1　ソウル市の NO_2 濃度（2002年3月13日16時―14日16時）

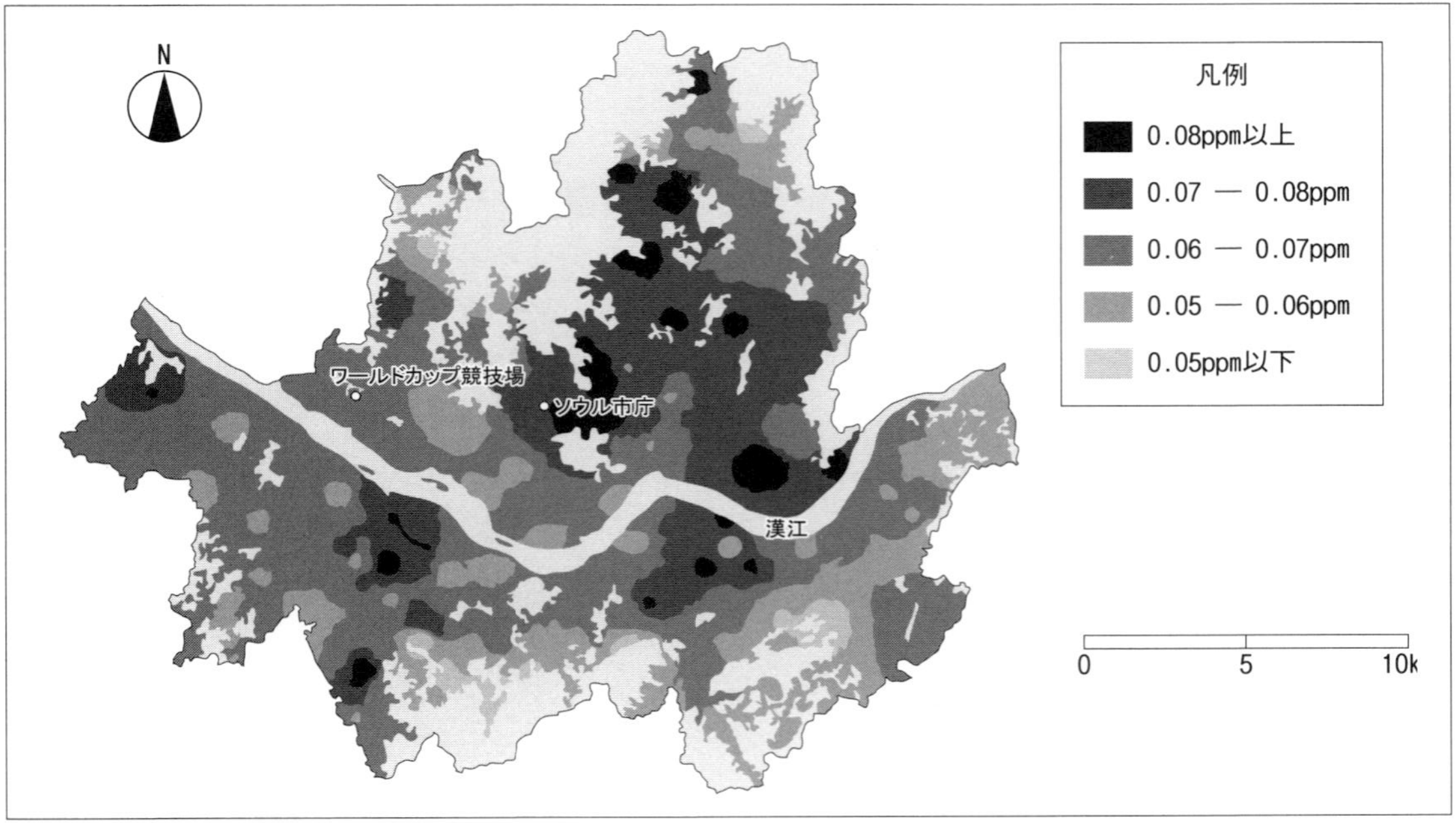

図2（次ページ）は、伊勢湾周辺におけるソウルと同じ時期の二酸化窒素（NO_2）濃度を示したものである。大都市の名古屋、四日市コンビナート、伊勢湾岸の津市、伊勢市などは大気汚染の濃度が高い。また、鈴鹿山脈、伊吹山地、木曽川一帯、美濃三河高原周辺の内陸の一宮市、江南市、各務原市などの木曽川に沿った地域、春日井市、多治見市など土岐川に沿った地域も高濃度を示している。これらの地域は、汚染物質を排出する都市域やコンビナートなどの工業団地ではなく、むしろ汚染物質を低減する森林などに覆われている地域である。これらの地域で汚染濃度が高くなったのは、四日市市や桑名市、名古屋市方面からの大気汚染物質が海風に乗って内陸まで輸送、これらの地域に滞留されたことによる。また、谷沿いの中央自動車道路に沿った内陸まで高濃度を示す。従来のような固定発生源だけでなく、自動車の移動発生源からの大気汚染物質が海風に乗って内陸まで輸送され、溜まり場となる山麓部が大気汚染の高濃度地域となる（朴恵淑／長屋祐一／目崎茂和／田中博「伊勢湾地域における二酸化窒素（NO_2）濃度の冬と夏の特性」「日本生気象学会誌」第三七巻第四号、二〇〇〇年、一〇五―一一六ページ）。

大気汚染に関連した健康被害は最もリスクの高い環境問題である。とくに、児童は毒性物質に対する免疫機能が未発達のため、成人に比べて体重あたりの大気汚染物質の吸入が多くなるので、健康被害を受けやすい。韓国の小児アレルギーおよび呼吸器学会が、二〇〇〇年に全国の小学校および中学校の四万四二九人を相手におこなった研究では、小学校の一三パーセント、中学校の

図2　伊勢湾周辺地域の NO_2 濃度（2002年3月13日16時－14日16時）

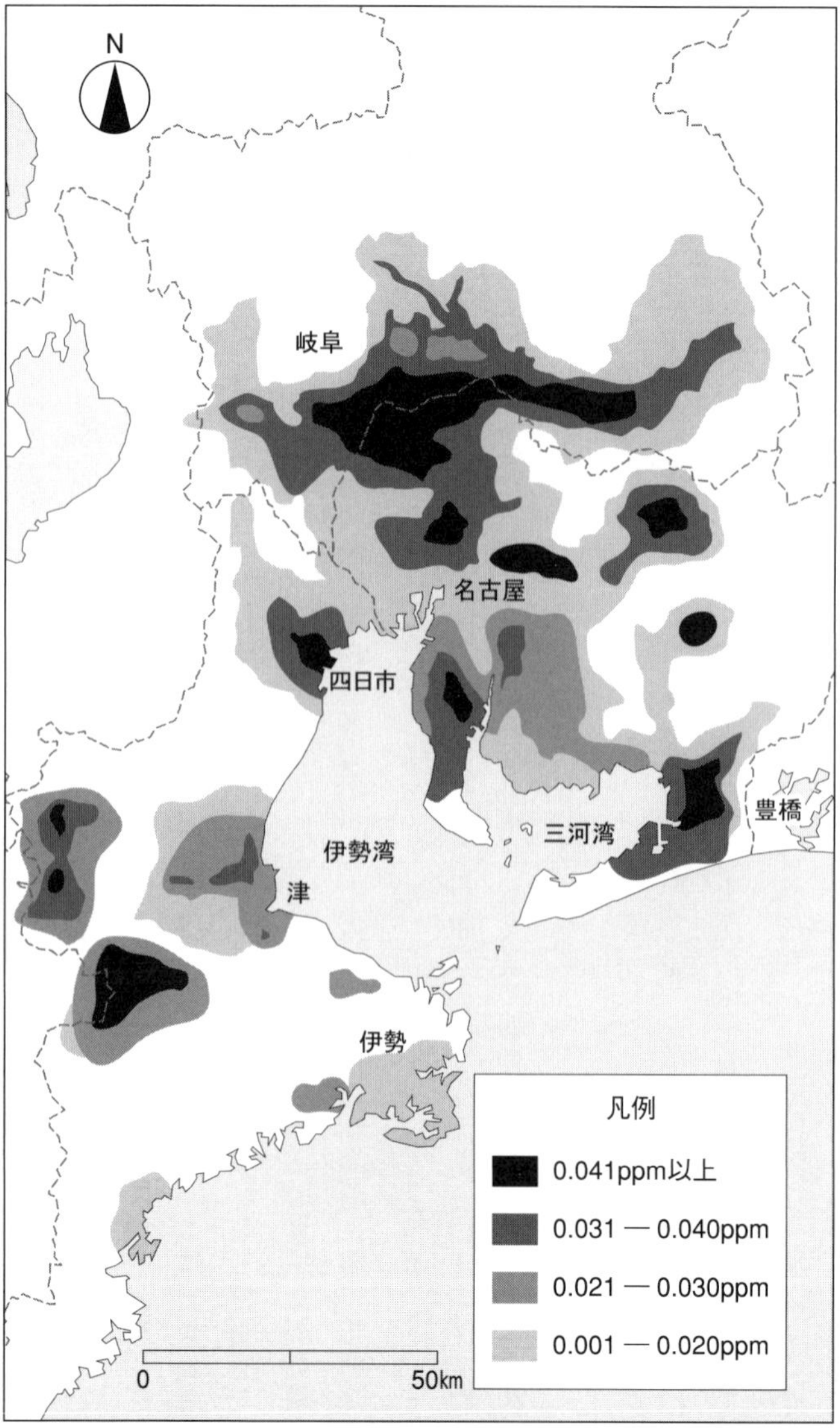

一三パーセントがすでに喘息を煩っていることがわかっている（韓国環境正義研究所『日韓共同シンポジウム――小学生健康実態調査を通じた未来世代の環境確保方策』二〇〇三年）。その研究によると、廃棄物埋立地周辺に居住する小学生の喘息、アレルギー性鼻炎、アトピー性皮膚炎、アレルギー性結膜炎、食品アレルギーの有病率は、他地域より高いことが判明している。

一方、韓国の産業団地（コンビナート）の大気汚染と関連した児童のアレルギーおよび喘息疾患に関する体系的な研究はいまだなされていない。私たちは日韓のコンビナートや産業工業団地周辺の小学生を相手に、大気汚染が児童に及ぼす喘息およびアレルギー性疾患に関する健康被害調査をおこなった。

児童・青少年のアレルギー疾患に対する国際疫学調査（ISAAC: International Study of Asthma and Allergies in Children）を用いて日韓共同調査をおこない、産業化に伴う大気汚染と児童の喘息、アレルギー疾患有病率との相関関係を把握した（朴恵淑「産業団地周辺の大気汚染が児童へ及ぼす健康影響について」『日韓共同シンポジウム――小学生健康実態調査を通じた未来世代の環境確保方策』、二〇〇三年、一一―七〇ページ）。

日本は、四日市コンビナート周辺の十校の小学生一〇〇六名と、対象地域として尾鷲、海山地域の十四校の小学生九一六名を選び、合計二十四校の小学生一九二二名へのアンケート調査をおこなった。韓国の代表的産業団地の蔚山、温山、麗水（川）の三地域において合計九校の小学生二〇〇〇名の児童を対象とし、二〇〇三年九月—十月の二カ月間に実施した結果は次のようである。

①ここ一年間、喘息で治療を受けたことがあるかないか?

「受けたことがある」と答えた割合は、日本が六・〇パーセント、韓国が三・八パーセントとなり、日本のほうが二倍ほど高い。地域別にみると、四日市は五・九パーセント、尾鷲が四・九パーセント、海山が八・八パーセントを示しており、四日市の大気環境の改善が見られる。

②ここ一年間、アレルギー性鼻炎で治療を受けたことがあるかないか?

日本が二一・〇パーセント、韓国が一八・六パーセントとなり、日本のほうが高い。地域別には、四日市が二二・九パーセント、尾鷲が一六・九、海山が二三・九パーセントを示す。

③ここ一年間、アトピー性鼻炎で治療を受けたことがあるかないか?

日本全体が八・三パーセント、韓国全体が一一・六パーセントとなり、韓国のほうが高い。四日市は一〇・一パーセント、尾鷲が六・五パーセント、海山が五・八パーセントを示しており、四日市が海山より二倍近く高い。

④ここ一年間、アレルギー性結膜炎で治療を受けたことがあるかないか?

日本全体が八・七パーセント、韓国全体が一〇・四パーセントとなり、韓国が急激に増加している。四日市が一一・一パーセント、尾鷲が六・二パーセント、海山が五・八パーセントを示しており、四日市が海山より二倍近く高い。

⑤ここ一年間、花粉症で治療を受けたことがあるかないか？

韓国では花粉症の診断はおこなわれず、アレルギー性疾患のいずれかに診断されるため、日本独自の調査をおこなった。花粉症と診断され、治療を受けたことのある児童が一五・四パーセントとひじょうに高い割合を占める。四日市が一六・八パーセント、尾鷲が一三・八パーセント、海山が一三・九パーセントを示しており、地域差がほとんど見られないほど全域において高い値を示す。

⑥ここ一年間、食べ物アレルギー症状を起こしたことがあるかないか？

日本全体が五・一パーセント、韓国全体が五・五パーセントとなり、日本と韓国全体においてほとんど差が見られない。四日市は五・七パーセント、尾鷲が五・三パーセント、海山が二・三パーセントを示す。

⑦ここ一年間、薬物アレルギー症状を起こしたことがあるかないか？

日韓の差や地域差はほとんど見られない。日本全体が〇・九パーセント、韓国の全体が一・二パーセントとなり、四日市は一・〇パーセント、尾鷲が〇・九パーセント、海山が〇・八パーセントを示す。

⑧居住地域の形態と喘息との相関関係
日韓の対象者を居住地域別に都市住宅街、商業地域、工業地域、農山村地域に分けて、「生まれてから今まで呼吸するとき、胸でゼイゼイ、ヒューヒューという音がしたことがありますか」という質問に「はい」と答えた児童の割合をみると、都市住宅街に住んでいる児童の二二・七パーセント、商業地域が二二・二パーセント、工業地域が三一・七パーセント、農山村地域が二七・〇パーセントを示した。つまり、工業地域周辺に住んでいる児童ほど喘息の症状を示す割合が高いことが明らかになった。
⑨食生活と住居生活に関する諸要素と喘息症状との相関関係
飲料水や住宅の形態などと喘息との相関はほとんどみられなかったが、家族に喫煙する者がいる場合と喘息症状との関係は二七・三パーセントの相関を示した（朴恵淑「コンビナート（産業団地）周辺の大気汚染が児童の健康被害に及ぼす日韓の比較研究――「四日市学」の適用」「人文論叢（三重大学人文学部文化学科研究紀要）」、第二二号、二〇〇五年、一五五―一七五ページ）。

公害や環境問題による健康被害や生態系の破壊などの影響に対して、昨今、リスク論に基づいて論じられることが多い。しかしリスク論は、「大気汚染濃度が少ない地域は喘息など健康被害が少ない」と語られ、その社会的・政治的・経済的・文化的な意味が無視されてしまうことが危惧される。つまり、リスクを課す者と課される者との非対称、自然的なリスクと人為的なリスクとが同じリスクの名のもとに語られてしまうのである。

「公害」という概念すらなかった日本の高度経済成長期の一九六〇年代に発生した四日市公害について、企業が本来あるべき社会的責任を果たさなかった問題への対応や、行政の責任論、命の尊厳に関する環境正義（倫理）への問題提起、疫学的因果関係論が認められた背景およびその後の公害裁判に大きな影響を与えることとなった諸プロセスについて、予防原則的側面からのアプローチが必要となる。

四大公害のうち、とくに四日市公害をひとつの軸にして、公害に関する企業の社会的責任や行政の責任の問題について、リスクの把握という観点から考えるとき、狭意のリスク論ではなく広義の予防原則の概念に基づくことが大切だろう。予防原則によれば、汚染物質と被害との間の因果関係が科学的に充分証明されていない場合や、リスク評価の結果に科学的不確実性が含まれている場合、被害発生の証拠を必要としないで、対策を実行することができる。すでに、七二年七月二十四日の四日市公害判決文には、「企業は経済性を度外視して、世界最高の技術・知識を動員して防止措置を構ずべきであり、そのような措置を怠れば過失を免れない」と、予防原則に基づくリスク評価が明記されている。公害に伴う健康被害を調べることによって、リスクがもつ社会性が浮き彫りとなり、環境レジーム（体制）形成に変革をもたらすことになるのである。

判決書浄書を担当して

嶋谷修一

昭和四十七（一九七二）年七月二十四日午前九時三十分、傍聴人ら約二百名の視線を一点に集めた超満員の津地方裁判所四日市支部第一号法廷において、裁判長によって判決書原本（裁判官三名の署名押印された）に基づく四日市ぜんそく損害賠償請求事件判決の主文朗読が静かに厳粛に響き渡り、言渡されました。

私は、本件結審（昭和四十七年二月一日）直後、主任書記官を命じられました。上司・同僚からは「いよいよ公害事件の判決作業が始まる。頑張れ！」と温かい教示と激励を、また、新潟水俣病事件判決担当裁判官からその判決書写し全九冊をいただきました。そして私は、津地裁民事部から当支部に転任し、民事担当のなかで係書記官らと共に本件判決書の浄書に携わることになりました。

判決書浄書・印刷作業は、庶務課長を統括者として係書記官を中心に、私、速記官、事務官、タイピストら数名で三月早々に開始されました。判決書所要部数は、原本用・送達用正本・執行文用正本計十四、謄本用二、報告その他で合計二百九十部。予定用紙は五十万枚というかつてない気が遠くなるような数でした。

作業内容は、用紙・用具の整備、草稿校正、印刷原紙のタイプ、原紙と草稿との照合、印刷、整理、装幀、保管等に大別。担当者は限定され、特に健康管理、機密保持に留意されました。

作業室は、機密保持や流れ作業の効率上、庁舎二階東端奥の支部長室（約五十平方メートル）を借用して、一切の作業をここに集中し、「立入禁止」の貼紙をして外部との途絶を図りました。

合議体裁判官の心血を注がれた判決書草稿の校正は、特に速記官にお願いしていましたが、一か月ほどで転任されましたので、その後は庶務課長、私、書記官らでおこないました。裁判長らの指示に基づいて、何冊もの辞典・参考書を手もとに置き、新かな使い、送りがな、当用漢字、音訓、用字用語、句読点などに留意して平易な文章を目標とし、当用漢字や音訓にないものでも、特に意義があったり、やむをえないものは、そのまま使用し、形式上の整理、統一を図りました。

タイプは、総原紙二千枚を目標に、一日三人、一人平均八枚の予定で開始されました。開始早々、新台の活字配列が五十音順で不慣れ、非能率。全作業の進行、能率に悪影響があるため、急遽、目の充血もいとわず三千数十個の活字組換えを完了したり、薄い小活字が読み取りにくいため、拡大鏡やテレビの拡大板を持参したり、複雑な図表・図面などガラス板の透視を利用して器用にガリ切りをする（外注分が、かなり削減）などの創意工夫がされ、図表・図面のガリ切りや訂正打ちをしながらの一人一日八枚は大変で、肩の痛みや目まいを訴える人もいましたが、事なきを得、よく目標を達成されました。

草稿と原紙との照合は、おもに翌日の午前中に書記官二人一組で読み合わせをしました。読み合わせ中、特殊な専門語や外国語を記録や辞書で照合して費やしたり、ある生徒が家に帰りたいというメモを残して発作のため生涯を終えた、というくだりのときには、双方とも胸が込み上げてきて声にならず、目がしらが熱くなって文字がかすんでしまったこともありました。

長時間の読み合わせのため、声がうわずってきて、とちったり、聞き手の耳―目―思考―判断が、読み手の速度によっては、その音声と連携を保っていけなくなって、読み直しを要求したり、目を見張り細心の注意をしても見落としがあったり、読み合わせの難しさ、視聴感覚の不正確さを改めて思い直しました。印刷の前後一回ずつの読み合わせを印刷前に交互二回おこなったところ、ミスは、ほとんどなくなりました。新配備された外国製の紙数ゲージ付高性能電動輪転機の機動力は、絶大な効果を発揮しました。

六月二十三日、判決言渡期日が裁判長の定年退官の前日である七月二十四日と指定されました。七月初旬、最終の草稿を受け、あと二週間足らずの七月二十日完成を目標に作業を続行。以前に倍して残業・休日出勤の全力投球、十七日に判決全文の校正から契印までの作業を終了。翌十八日に最後の読み合わせ、目読を分担。分厚いそれはなかなか進まず、期限が切迫して焦慮感でいっぱいのところへ、丹念に照合、訂正したはずなのに、読み合わせミスが発見され、ガッカリ。そして最後の拍車をかけ、慎重に訂正を検討し、判決要旨・骨子、警備関係資料、正誤表のタイプ、印刷に集中し、七月二十一日、ついに判決原本用の完成と同時に全作業が完了しました。

判決当日、法廷内は、裁判所関係のほか原告ら代理人四十六名、原告本人八名、被告ら代理人九名、傍聴人七十八名、取材記者三十五名で超満員。言い渡しは、予定通り順調に静かに進行しました。原告勝訴の主文朗読の一瞬、感嘆の息づかいと同時に、取材記者のあわただしく、しかし、静かな、連絡員との社名入り封筒のやり取りが始まり、午前十一時十五分、判決理由要旨の告知終了によって、ここに四年十一か月の終止符が打たれました。

控訴期間満了の八月七日、宿直だった私は、報道関係からのひっきりなしの照会電話で、なかなか眠られず、夜半過ぎ、「高裁にも控訴提起なかったよ」とわざわざ知らせてくれた電話を最後に、ようやく深い眠りにはいっていきました。この貴重な公害事件記録・書類を是非特別保存に付したいと念じながら――。

（元津地裁四日市支部主任書記官）

＊本稿は、全国裁判所書記官協議会「会報」第四十号（一九七二年）に投稿しました「四日市公害事件終わる」から抜粋し、若干の加筆・修正したものです。

追記　私が、主任書記官を拝命したとき、岳父（元裁判所職員）からもらった「書」があります。それは、「蓬生麻中不扶而直」と書かれ、「南亭書」の署名があり、「井上之印」と「南亭之印」が押印された掛軸でした。私は、この掛軸を床の間によくかけます。この書は、昭和初年当時の津地方裁判所長、井上銕太郎氏の揮毫と承っております。岳父によりますと、「蓬、麻中に生ずれば、扶けずして直し」、中国・戦国時代の思想家荀子が用いた成句で、「曲がりやすいヨモギも、真直な麻の中で育つと、助けなくても真直ぐに生える。人も環境が良ければ、善人となる」という教えとのことです。環境の影響が大きいことを主張され、より良き環境作りを強調されたものでありましょう。荀子も思いもされなかったであろう昨今の世界的規模の公害、環境問題のほか、すべての事柄について、この名句に接して自他共に「環境調整」の重要性をつくづく思い直しております。

第2章

環境問題のなかの「罪と罰」——〈成熟した市民社会〉のために

上野達彦

1　公害と責任

四日市市の中心部に鵜の森公園がある。公園は、近鉄四日市駅に近く、簡素なたたずまいの落ち着いた空間である。その公園の一角に作家・丹羽文雄が詠んだ一句の碑がある。

古里は菜の花もあり父の顔

丹羽は、四日市で生まれ、育った。その時代の四日市は、自然豊かな田園風景が広がり、春には一面に菜の花が咲き乱れていたという。このような田園風景は、かつて日本のいたるところで見られた古里の姿であった。

ところが、戦後日本が高度経済成長を遂げるにあたってそのような風景は一変した。四日市市にも重化学工業化と都市化政策が進められ、その先陣を切るかのように巨大企業のコンビナートが進出した。その結果、四日市はコンビナートから出される排煙によって空気が汚れ、多くの市

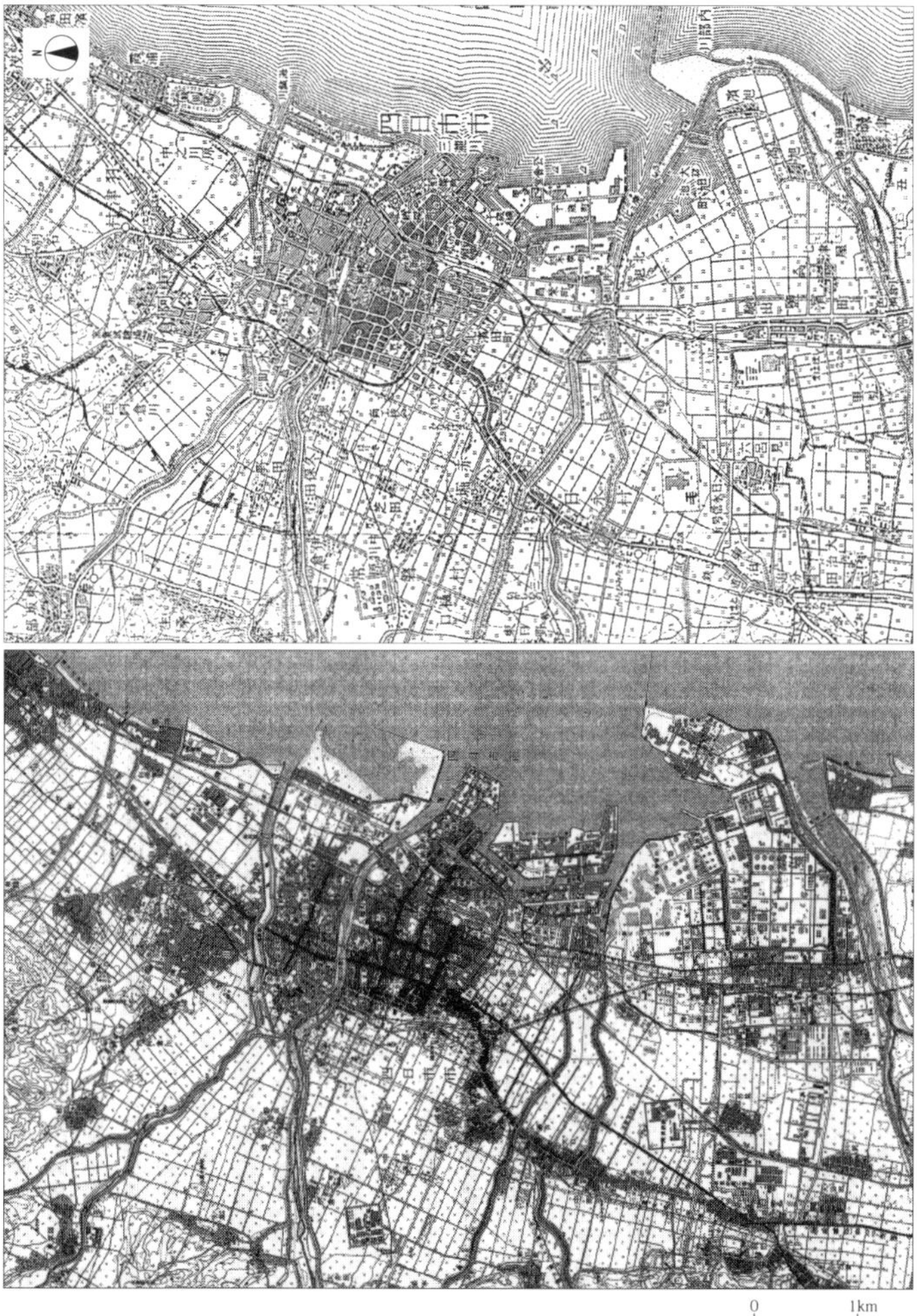

四日市市街図　上が1938年ごろ（旧四日市を語る会編『旧四日市市を語る』第6集より転載）、下がコンビナートが進出した後の1959年の様子（上野／朴編著『環境快適都市をめざして』〔中央法規〕、85ページより転載）コンビナートが臨海部と内陸部に広がっているのがわかる。
＊向かって左側が北になる

民が喘息などに苦しんだ経験をもっている。その経験は、いわゆる四日市公害問題とよばれていた。

ところで市民は、国家や巨大企業などの組織と対抗軸にある概念である。歴史上、市民の論理と国家や企業の論理は、その価値において常に不同等であった。時として、国家や企業の論理が市民の論理を超えて展開される場合があった。ある時期の日本社会のなかでいたるところに出現した公害という現象も、まさにそのような側面を現している。

いうまでもなく公害とは、人間がさまざまな社会活動を営むなかで、自然環境（大気・水・土壌など）や社会環境（静寂など）を汚染させ、また破壊させ、そのことによって健康障害などが引き起こされるという複合的で複雑な現象である。このために疫学的な検査における原因と結果との因果関係の明確な認定がとくに困難である。しかしそれは、原因の究明や特定に伴って派生する困難さであることは疑いないが、患者の生命や身体の速やかな救済とは次元の異なる視点である。原因追究が困難であるという理由で、患者の生命や身体の救済が悲劇的に遅れるとするならば、患者である市民は一切の利益を失うことになる。

私たちは、人の生命や身体に関わる公害のような社会現象については、国家や企業が優先的に救済する仕組みを社会のなかに構築することを提案している。それは、アンシャンレジーム（旧制度・封建制度）による呪縛から個人を解放し、自由で平等な自立した個人・市民の結合体としての古典的な「市民社会」ではない。それは社会が高度な技術革新を遂げたことによって、次第に喪失されつつある人間性を復権させ、個人・市民に生きる価値と未来への展望や活力を与えるために新たな結合体として「成熟した市民社会」を生み出すことである。その意味で、「成熟した市民社会」とは、市民の論理が国家や企業の論理に優先する社会といっても過言ではない。

こうした成熟した市民社会の論理からすれば、ある時期にある地域に多くの共通した疾患のある患者が出現したことは、その地域の過去の事象からみても特異な現象である。この場合、疾病に苦しむ患者の救済はその社会にとって最大の価値であり、最優先に行われるべきである。そこには、社会を構成するすべての叡智を結集するという、全人類的観点が必要である。

私たちは、このようなことを意識し、成熟した市民社会のなかにそのすべての構成員（市民・行政・企業・メディア・NPO・大学などの高等教育・研究機関）が同列に位置づけられる「環境認識共同体」を提案している（上野達彦／朴恵淑編著『環境快適都市をめざして』中央法規、二〇〇四年、二三ページ）。このような「認識共同体」の提唱は、市民社会を構成する個人や組織がその社会の過去・現在・未来において運命を共有する存在であるという思想に基づいている。それは、とりわけ危機的な地球環境問題を考える場合にとくに必要である。このためには、「いのちと環境・エコロジー」を軸にした環境デモクラシー（民主主義）という地球観を市民のなかに芽生えさせる意識改革が不可欠である。

ところで、四日市公害訴訟（津地裁四日市支部判決、昭和四十七（一九七二）年七月二十四日「判例タイムズ」第二八〇号、一〇〇ページ以下など）は、被害市民が企業を相手に起こした訴訟であった。この訴訟において、被告六企業がまとめた「四日市公害訴訟の記録」（『「四日市公害訴訟」の記録』（以下、「記録」と略）一九七二年五月）によると、「疫学、医学的にみても、気象的にみても、硫黄酸化物と、〝四日市ゼンソク〟との間に、因果関係がない」との立場から、以下のように述べている。

「環境汚染の問題は、現に健康障害で苦しんでいる人々が、本当に安心して治療に専念し、ふたたびもとの健康な生活を取戻せるよう最良の手段を講じるとともに、その真の原因を追求して、こんごふたたび健康を害することのないよう人類がすべての英知を傾けなければならない問題である」（「はじめに」）

また、

「われわれ企業はもとより、全人類が、公害の原因を、それが人間に悪い影響を与える場合には徹底的に排除するように努めなければならないのはいうまでもないことである。

しかし、真の原因でもないのに、ときの風潮に安易に妥協してしまうことは、人類の進歩に貢献することとは思えない」（「おわりに」）

このような企業の考えにも一理ある。しかし、私たちが想定している、成熟した市民社会についての考え、とくに歴史的発展の新しい段階としての市民主義（civilism）の思想（自由、平等および公平）に立てば、患者である市民の生命・身体の救済が最優先にされなければならない。同様にこのような思想は、四日市公害訴訟判決（津地裁四日市支部、昭和四十七年七月二十四日）のなかにもみられている。この判決のなかに貫かれている基本的な思想は、「人の生命・身体というかけがえのない重大なもの」を根幹としていることにある。「少なくとも人間の生命・身体に危険のあることを知りうる汚染物質の排出については、企業は経済性を度外視して、世界最高の技術・知識を動員して防止措置を講ずべきであり、そのような措置を怠れば過失を免れないと解すべきである」（前掲「判例タイムズ」第二八〇号、一七〇ページ）。

私たちの提唱する「成熟した市民社会」論から企業などの組織体の責任はいかにあるべきであろうか。そもそも責任とはどのようなものであろうか。責任とは、自らが果たさなければならない務めであり、法律的には損害賠償や補償、刑罰などの制裁を負うことである。こうした責任の定義から、企業にとって果たさなければならない務め、言い換えれば企業にとっての環境責任とは、通常、四つの責任が指摘される。

まず第一に、企業は商品を開発するにあたって、環境に配慮した商品開発を意識するべきであり、この意味で環境技術の開発を優先させること、第二に、企業は工場を運営するにあたって、省エネ対策はもちろんのこと、有害物質に対する厳格な管理システム（ゼロエミッション）を構築すること、第三に、企業は廃棄物を回収し、再生するシステムを構築し、これを誠実に運営すること、第四に、企業は企業情報を開示し、地域に対し社会活動と社会啓発を行うことである。

さらに企業の環境責任に広域的展望を付加すれば、国際環境協力と市民の立場に立った企業間協調をあげることができる。より具体的には、前者は、東アジア諸国への環境技術の支援・提供であり、後者は、商品を含む社会的コストを削減し、企業間の総合的な社会への貢献が求められよう。

企業は、このような環境責任を真摯に果たすことによって、地域社会・市民からの信頼を得ることになる。そのうえで企業、さらには社会すべてが、経済優先・商業主義という価値から脱却し、その速度を緩めることに合意しなければならない。そのためにも私たちは、自由の象徴であった日本の戦後民主主義を検証することが必要である。そのような作業のなかで、日本国憲法に規定されている「健康で文化的な最低限度の生活」（第二五条）を再生させること、その意味を今日的視点にたって人間が生きるうえでの最大価値として、いのちを根源とした快適な生活環境について考えてみることが必要である。そのことは、市民と企業双方、さらに社会全体のなかに大きな連帯意識を生みだすことになる。そしてその中核として、私たちの提案する「環境認識共同体」が大きな役割を演ずることになると思われる。

前述したように「環境認識共同体」とは、地域を構成するすべての構成員が並列な場面で議論を展開し、それをまとめ、発信する主体である。そこでは、例えば環境外交の推進、国際環境協力の支援、さらには環境政策の提言などが具体的に取り上げられていくことになろう。「成熟した市民社会」における市民がこれらの役割の重要な担い手になることは疑いない。

2　判決文考

いわゆる「四日市公害訴訟判決」（津地裁四日市支部判決、昭和四十七〔一九七二〕年七月二十四日・確定）については、すでに優れた判例批評や評価が数多く見られ、法律論としての論点も出尽くしている。(1)この点で、判決文についての法律論的整理を行うことは、屋上屋を重ねることとなり、意味があるとは思われない。ここでは「四日市学」を生み出す源泉となった、判決文（以下のページ数は、「判例タイムズ」第二八〇号による）のなかから時代背景についての認識、その社会的意味などを探ってみたい。

日本における石油化学工場とコンビナート

戦後日本において、石油化学工業関連企業が政策的にある特定の地域に結集された。このことは、一方で地域社会に経済的に大きな影響を与え、いわゆる地域住民による企業依存型構造を生み出した。しかし他方で、企業の工場から排出された排煙・排液による地域住民への悲劇をもたらすことにもなった。判決文は、このことについて次のように述べている。

「第二次大戦後、合成樹脂、合成繊維等の高分子合成化学技術の工業化とその市場の拡大は、原料である基礎化学製品の供給不足をもたらし、特に、カーバイドおよびタールからの誘導製品に関しては、昭和二九年ころにおいてその不足が明らかにみとおされ、新たな給源としての石油化学の開発をせまられるようになった。

一方、昭和二四年に太平洋岸製油所再開が占領軍によって許可されて以来、着々と製油所の再建整備を進めてきたわが国石油精製業は、昭和二九年ころにおいて一応の近代化をおえ、石油化学製品の原料、特にナフサの供給を可能にした。

こうした時代背景のもとに、わが国の石油化学工業は、昭和三〇年にはいり、その企業化の基礎を固め、政府による政策的な支えもあって、昭和三一年に現実の企業化に着手し、翌三一年に

は実際にスタートを切るに至った」（一二五ページ）
「しかし、（石油化学工業の）各工程を一企業で行うことは資金的に困難であるので、ここにいくつかの企業が集まって一つの生産上の体系を形成するところとなった」（同）
「このようにして、企業集団―コンビナートの出現は石油化学工業の生成と発展においていわば必然的であったともいえる」（同）

このように判決文では、まず一般的に戦後日本における石油化学工業保護政策についての時代背景を記したのち、四日市におけるその推移が次のように述べられている。
「四日市は、もと万古焼、菜種油、魚網、製紙、製茶などの産業が盛んであったが、明治一五年に綿紡績工場、同三九年には毛織物工場が設置され、大正、昭和にはいると繊維工場の進出が相つぎ、四日市は繊維工業都市として全国的に知られるようになった。

この間、昭和九年から一六年にかけて、地元財界の工場誘致運動によって日本板硝子の板ガラス工場、第二工業製薬の石けん工場、石原産業海運の銅精錬、硫酸工場、大協石油の四日市製油所などが建設され、また、当時わが国最大の製油能力を誇った第二海軍燃料廠が昭和一四年から一八年にかけて建設された。このようにして四日市はこれまでの繊維・窯業を中心とする軽工業都市から脱皮し、石油と化学の工業都市へと胎動を始めたが、昭和二〇年、米空軍による空襲のため、右海軍燃料廠の施設とともに市内の大半を焼失した。

戦後、前記太平洋岸製油所の再開や石油化学工業の勃興の機運につれて、広大な工業用地と優れた港湾施設をもつ右旧海軍第二燃料廠跡の利用をねらって、石油国際資本と提携した三菱系会社により石油化学工場群の形成が推進されていった」（一二五―一二六ページ）

判決は、以上のような状況認識を披瀝したのち、企業による共同不法行為の要件の充足性についての判断を工場の排煙や住民患者の罹患などを調べたうえで明らかにするとして、慎重な姿勢を維持している。

また、磯津地区におけるばい煙（特に、いおう酸化物）による大気汚染とその原因について、

「磯津地区の大気汚染に対して、被告（著者注――企業側）ら以外の工場の影響は仮にあるとしても少ないと認められ、同地区の汚染は、被告ら工場の排煙が主たる原因である」（一三七ページ）。

さらに、住民患者の罹患と大気汚染との関係について、

「いわゆる公害事件においては、その事件のもつ特殊な性格から疫学的見地からする病因の追究が重要な役割をになっている」（同）

とし、

「四日市市特に磯津地区における閉そく性肺疾患の増加と大気汚染の関係の有無を疫学的観点から検討する」（同）

と述べている。こうして判決では、その検討にあたって、疫学的観点からの方法（記述疫学的方法、分析疫学的方法、実験疫学的方法）について記述している。いうまでもなくこれらの方法によって明らかにされるのは、原因（大気汚染）と結果（住民の罹患）についての自然的因果関係の有無である。しかし問題は、法的因果関係の有無である。

　自然的因果関係と法的因果関係との関係について次のように述べている。

「ここでわれわれが検討しようとしているのは、いうまでもなく法的因果関係の有無であり、その前提としての自然的因果関係の有無である。したがって、自然的因果関係の有無の検討も、右法的因果関係の有無の判断に必要にして十分な程度に止まるべきであることはいうまでもない」（一三七―三八ページ）

「分析疫学によってえられた仮説を確認検証するという意味での実験は、法的因果関係の確定に当たっても原則として必要であると解されるが、どの程度必要であるかは、具体的に事件ごとに判断されるべきものであり、その場合、記述疫学的および分析疫学的方法によってえられた仮設《ママ》の確実性の程度等と総合して決定されるべきものと思われる」（一三八ページ）

　判決は、こうした調査・分析を行ったうえで、被告企業の共同不法行為を認め、さらに「被告三社は、自社のばい煙の排出が少量で、それのみでは結果の発生との間に因果関係が認められない場合にも、他社のばい煙の排出との関係で、結果に対する責任を免れないものと解する」（一六一ページ）と述べた。ここでは、このような認定に加え、過失責任論が詳細に展開されている。前述したように、これらについての評価は節末の注2にある各論文のなかでなされており、ここでは立ち入らない。

判決は、総じて言えば、被害患者（原告）の立場に立脚し、その主張に沿っていることは明瞭である。その立場は、「被侵害利益が人の生命・身体というかけがえのない重大なものである」（一六八ページ）というヒューマニズム（humanism）の精神に立脚している。そのうえで、次のような公害論が展開され、これは「本件の場合にも基本的に妥当する」としている。

「公害は環境の破壊を伴うものであるため、付近住民らにとって回避が不可能であること」
「公害による被害は広範囲にわたり、社会的な影響が大きいとともに、企業側にとって賠償額が、通常、莫大になるということ」
「公害においては、原因となる加害行為が当該企業の生産活動の過程において生ずるものである以上、右生産活動によって利潤をあげることを予定しているのに反し、被害者である付近住民らにとって、右活動から直接えられる利益は存しないこと」
「公害は一定地域の住民が、共通の原因により共通の被害を受けるものであるから、被害者間の被害は、その意味において平等であるということ」（以上、一七二ページ）

人は誰もが、快適な環境の空間において生活し、健康と幸福を求めることを願っている。公害という社会現象は、このような人々の願いを容赦なくうち砕く。その被害者は、生命や身体に極めて危機的な状況を引きおこされ、その苦痛は長期間続く。こうした被害者をどのように救済するか、また彼らが少しでも安楽で快適な生活を回復するにはどのような手だてがあるかは、いまでは全人類的でグローバルな課題となっている。環境汚染が国や地域を越えて進行し、地球は極度のストレス状況に置かれているといっても言い過ぎではない。

四日市公害訴訟判決では、すでに四日市公害にこのような課題を見いだし、この課題を解決するための方法と措置を考案する道しるべを示している。住民や市民がその生活空間について快適環境力を身につけるために、彼らが環境についての意識を改革し、自立した主体としてその意思を表明することのできる簡便な仕組みが必要である。このような試みが環境デモクラシーと一体化した新たな地球観を生み出すことになると思われる。

四日市公害判決が、このような環境問題のダイナミズムをもたらす原動力になることは疑いない。多くの人々が判決の精神を共有するためにも、判決文の一読を薦めたい。

注

（1）本稿では、判決文は、「判例タイムズ」第二八〇号の「判決特報」によったが、その全文は「判例時報」第六七二号（昭和四十七〈一九七二〉年八月二十一日）に掲載されている。

（2）例えば、戒能通孝「四日市公害判決の意義」、清水誠「四日市判決における損害論」、牛山積「四日市判決と共同不法行為論」、吉村功「裁判に現われる科学の論理」、田尻宗昭「法と行政の課題」、座談会「四日市公害訴訟判決の問題点」——以上、「法律時報」（第五三〇号、一九七二年）、牛山積「公害問題と共同不法行為」、淡路剛久「四日市公害判決の法的意義」、磯野弥生「公害における行政責任」など——以上、「判例時報」（第六七二号、一九七二年八月二十一日）、野村好弘「四日市判決の意義と問題点」「法学セミナー」（一九七二年九月）など。

3　環境問題のなかの「罪と罰」

「犯罪はこれを罰するより予防したほうがいい」（ベッカリーア著／風早八十二・二葉訳『犯罪と刑罰』岩波文庫、一八八ページ）。これは、十八世紀のイタリアの啓蒙思想家の一人であったチェザーレ・ベッカリーア（Cesare Beccaria 1738-1794）の言葉である。ベッカリーアは、イタリアの貴族の出身であるが、フランスの啓蒙思想・人権思想の影響を受けた人物である。彼は、『犯罪と刑罰』（Dei delitti e delle pene, 1764）という著作のなかで、この言葉を述べている。

この著作は、封建社会における魔女裁判に代表される刑事裁判の無秩序さや火あぶりなどによる刑罰の惨酷さを憂えて、書かれたものである。この書は、ミラノの青年知識人たちの議論のなかで生まれ、当初匿名で出版された。ベッカリーアが二十六歳の時であった。『犯罪と刑罰』はまたたく間に世界の多くの言語に訳され、人々に大きな影響を与えた。ベッカリーアによれば、犯罪と刑罰は均衡していなければならないこと、また刑罰の本質は応報ではなく、犯罪者に対しこの者が将来犯罪を行うことを予防することと社会への一般的な警告にあること、そのために死刑と拷問の廃止が主張されていた。

二十一世紀のいまも、二世紀以上前のベッカリーアのこの言葉は新鮮な響きをもっている。人類にとって犯罪の防止、そしてその消滅は、究極の課題である。しかしいたるところで犯罪は現存し、増殖を続けている。いやそれ以上に新たな犯罪が出現し続けているのが現実である。

近年、環境犯罪という言葉がよく使用される。この犯罪を規制する法が環境刑法と呼ばれている。ただしわが国に環境刑法という名の法律があるわけではない。それは、「人の健康に係る公害犯罪の処罰に関する法律」（一九七〇年）など、いわゆる公害に対する刑法的規制のために作られた法律の総称である。かつてこれらは、公害犯罪・公害刑法と呼ばれていた。しかしいままでは、環境犯罪・環境刑法という名称が使われている。このことは、人のいのちや健康、生活環境に対し被害を受けた住民・市民を救済し、公害を防止するという公害法の視点から、環境汚染やその破壊を予防するという環境法の視点への転換と関連している。

わが国の環境犯罪には、どのようなものがあるだろうか。

通常、わが国の環境刑法と呼ばれる法律群について、環境に関する一般法的性格のものと特別・具体的な性格のものとに区別される。まず前者については、「人の健康に係る公害犯罪の処罰に関する法律」と「特定工場における公害防止組織の整備に関する法律」がある。後者については、原因別に以下のような九つに区分される。

第一に、大気汚染や悪臭に関する法律群である。「大気汚染防止法」や「悪臭防止法」などが含まれる。

第二に、騒音や振動に関する法律群である。「騒音規制法」や「振動規制法」がこの群を構成する。

第三に、水質汚濁や海洋汚染に関する法律群である。「水質汚濁防止法」や「海洋汚染防止法」がこの群を構成する。

第四に、農用地の土壌汚染に関する法律群である。「農用地の土壌汚染防止法」や「農薬取締

環境刑法

一般的性格の環境刑法
人の健康に係る公害犯罪の処罰に関する法律、特定工場における公害防止組織の整備に関する法律
特定・具体的な性格の環境刑法
イ　大気汚染防止法、スパイクタイヤ粉じん発生防止法、悪臭防止法など
ロ　騒音規制法、振動規制法
ハ　水質汚濁防止法、海洋汚染防止法
ニ　農用地の土壌汚染防止等に関する法律、農薬取締法
ホ　工業用水法、建築物用地下水の採取の規制に関する法律など
ヘ　廃棄物の処理及び清掃に関する法律
ト　ダイオキシン類対策特別措置法、毒物及び劇物取締法、サリン等による人身被害の防止に関する法律、 食品衛生法など
チ　鳥獣保護法
リ　核原料物質、核燃料物質及び原子炉の規制に関する法律など

法」がこの群を構成する。

第五に、地盤沈下に関する法律群である。「工業用水法」や「建築物用地下水の採取の規制に関する法律」がこの群を構成する。

第六に、「廃棄物の処理及び清掃に関する法律」である。

第七に、化学物質に関する法律群である。「ダイオキシン類対策特別措置法」「毒物及び劇物取締法」「サリン等による人身被害の防止に関する法律」「化学兵器の禁止及び特定物質の規制等に関する法律」「食品衛生法」などが含まれる。

第八に、野生動物の保護に関する法律群である。「鳥獣保護及狩猟ニ関スル法律」がこれである。

第九に、原子力や放射線に関する法律群である。「核原料物質、核燃料物質及び原子炉の規制に関する法律」などがある（中山／神山／斉藤／浅田編著

『環境刑法概説』〔成文堂、二〇〇三年〕などを参照)。

このように、日本の環境刑法における環境犯罪についての規定は、極めて多岐にわたり、複雑である。またそれぞれの関連性も、明確ではない。今後、これらの法律群が整備され、市民や住民にとってわかりやすい環境法の体系化や仕組み作りが課題となる。

これに対して、例えば比較的最近に制定された外国の法律例として、ロシア連邦の刑法典(一九九六年公布、一九九七年施行)における環境犯罪について紹介しよう。ロシア連邦刑法典は、その編纂過程で西欧型刑法典の成果を取り入れた最新の法典である(この法典の編纂過程などについては、上野達彦『ロシアの社会病理』〔敬文堂、二〇〇〇年〕を参照)。ロシア連邦刑法典では、わが国の刑法典と異なって、エコロジー犯罪という名称を使用して環境に関わる犯罪を刑法典のなかにまとめて規定している。それらは、どのように分類されているだろうか。これについて、最近刊行された刑法教科書『ロシア刑法各論』(二〇〇一年・ロシア語)のなかから見てみよう。

まず、エコロジー犯罪は、二つ、すなわち一般的性格のエコロジー犯罪と特別な性格のエコロジー犯罪に大別される。

前者には、労働生産環境保護規則違反(第二四六条)、危険物質や廃材取扱規則違反(第二四七条)、微生物などの薬剤や毒物取扱安全規則違反(第二四八条)、ロシア連邦大陸棚や経済特区

エコロジー犯罪

一般的性格のエコロジー犯罪
労働生産環境保護規則違反、危険物質や廃材取扱規則違反、微生物などの薬剤や毒物取扱　安全規則違反、ロシア連邦大陸棚や経済特区法違反、自然保護特区への違反行為
特別な性格のエコロジー犯罪
イ　土地の損壊、地下資源の保護やその利用規則違反
ロ　水棲動物の不法な捕獲、漁業資源保護規則違反、不法な狩猟、獣医学規則違反、生物の危機的な生息地破壊行為
ハ　植物の病気や害虫対策規則違反、樹木や潅木の不法な伐採、森林破壊や損壊
ニ　大気汚染、海洋汚染

法違反（第二五三条）、自然保護特区への違反行為（第二六二条）が規定されている。

　後者は、さらに四つに区分されている。

　第一に、土地や地下資源の保護に違反する行為である。土地の損壊（第二五四条）、地下資源の保護やその利用規則違反（第二五五条）がこれである。

　第二に、動物界の保護とその合理的利用に違反する行為である。水棲動物の不法な捕獲（第二五六条）、漁業資源保護規則違反（第二五七条）、不法な狩猟（第二五八条）、獣医学規則違反（第二四九条一項）、生物の危機的な生息地破壊行為（第二五九条）がこれである。

　第三に、植物界の保護とその合理的利用に違反する行為である。植物の病気や害虫対策規則違反（第二四九条二項）、樹木や灌木の不法な伐採（第二六〇条）、森林破壊や損壊（第二六一条）がこれである。

　第四に、水や大気の保護とその合理的利用に違反する行為

である。水の汚染（第二五〇条）、大気汚染（第二五一条）、海洋汚染（第二五二条）がこれである。このような違反行為に対する刑罰は、罰金や一定の職または一定の活動に従事する権利の剥奪、拘留、矯正労働、さらに八年までの範囲内で自由剥奪が規定されている（五一三―五一四ページ）。なお、近年のロシア連邦では、このようなエコロジー犯罪は全体として多発傾向（二〇〇〇年は一万三三三三件、二〇〇一年は一万七二二九件であった）にある。

また、大量の環境破壊犯罪として、ロシア連邦刑法典は、エコサイド（第三五八条）という犯罪規定を設けている。この規定によると、動植物界の大量滅失、大気や水資源の汚染などの行為が、十二年から二十年までの自由剥奪によって処罰されるとされている。このように多種多様な環境（エコロジー）に対する犯罪を刑法典のなかに一元化して対応するような立法政策も、一考に値すると思われる。

ところで、わが国における環境犯罪の状況は、どのようであろうか。『犯罪白書』（平成元年版から平成十五年版まで）から見てみよう。

これらの『犯罪白書』の記述にはいくつかの変遷がある。『犯罪白書』は、当初公害犯罪という項のなかに「公害犯罪の罪名別検察庁新規受理・終局処理人員」（平成元年、二年、三年、四年版『犯罪白書』）が掲載されていた。これらの年版に掲載されたいわゆる環境刑法（公害刑法）は、自然公園法、人の健康に係る公害犯罪の処罰に関する法律、大気汚染防止法、廃棄物の処理及び清掃に関する法律、海洋汚染及び海上災害の防止に関する法律、水質汚濁防止法など十四の法律（公害防止条例、その他を含む）であり、それらの違反人員が実数であげられていた。

しかし、平成五年版と六年版には、「公害関係特別法犯の検察庁新規受理人員の推移」と簡便な記述に変わった。ここでは廃棄物の処理及び清掃に関する法律、海洋汚染及び海上災害の防止に関する法律、水質汚濁防止法の三法についての違反人員の推移が、昭和五十八年から平成五年までの折れ線グラフによる推移として示された。もっとも平成五年版以降の『犯罪白書』は、巻末資料として「特別法犯の検察庁新規受理人員」のなかに前記三法に加え、大気汚染防止法と自然公園法についての違反人員を含めての実数が掲載されている。

なお平成六年版からは「環境関係特別法犯の検察庁新規受理人員の推移」と表記が変更された。さらに平成七年版からは、折れ線グラフ（環境関係特別法犯の検察庁新規受理人員の推移）に前記三法（廃棄物の処理及び清掃に関する法律、海洋汚染及び海上災害の防止に関する法律、水質汚濁防止法）の違反人員に加え、自然公園法違反人員が追加された。

また、『犯罪白書』は、平成十三年版から大判（A4版）になった。平成十四年版『犯罪白書』では、前記折れ線グラフによる「環境関係特別法犯の検察庁新規受理人員の推移」はなくなった。これに代って「特別法犯の検察庁新規受理人員の推移」が新たに設けられ、その他の特別法犯と並んで、廃棄物処理法違反と海洋汚染防止法違反の二法違反が示されているに過ぎない。

もっとも巻末資料は、平成五年以降の前記五法違反人員の実数の推移の記述について変更はない。しかし、このような『犯罪白書』における環境犯罪（当初は公害犯罪の名称）の扱いは、その名称変更を含め、近年次第に簡便になっており、このことが環境犯罪対策にも影響を与えないか懸念されるところである。

次ページに、平成元年版から平成十五年版までの『犯罪白書』に掲載され、これらから読み取れる主な環境犯罪（廃棄物の処理及び清掃に関する法律、海洋汚染及び海上災害の防止に関する法律、水質汚濁防止法、自然公園法の違反人員に加え、人の健康に係る公害犯罪の処罰に関する法律、大気汚染防止法の違反人員）の実数（公害・環境犯罪の罪名別検察庁新規受理人員）の推移を示しておこう。

いままで述べたことは、環境保護の法的な対策や規制、その現状についてのアウトラインであった。ここでいま一度、環境における罪とはなにか、なぜ人々は環境を汚すのか、そして彼らに与えられる罰とはどのようなものかに立ち返ってみよう。

罪（犯罪）とは、人間の心理のなかに潜む思いが外在的に現れる人の行為である。このような思いや行為がいろいろなテーマとして古くから文学作品にも取り上げられてきた。そのなかでも、ドストエフスキーの『罪と罰』は、主人公の動機の描写、とくに目的と犯罪の正当化との関係を

公害・環境犯罪の罪名別検察庁新規受理人員の推移（法務総合研究所編『犯罪白書』より作成）

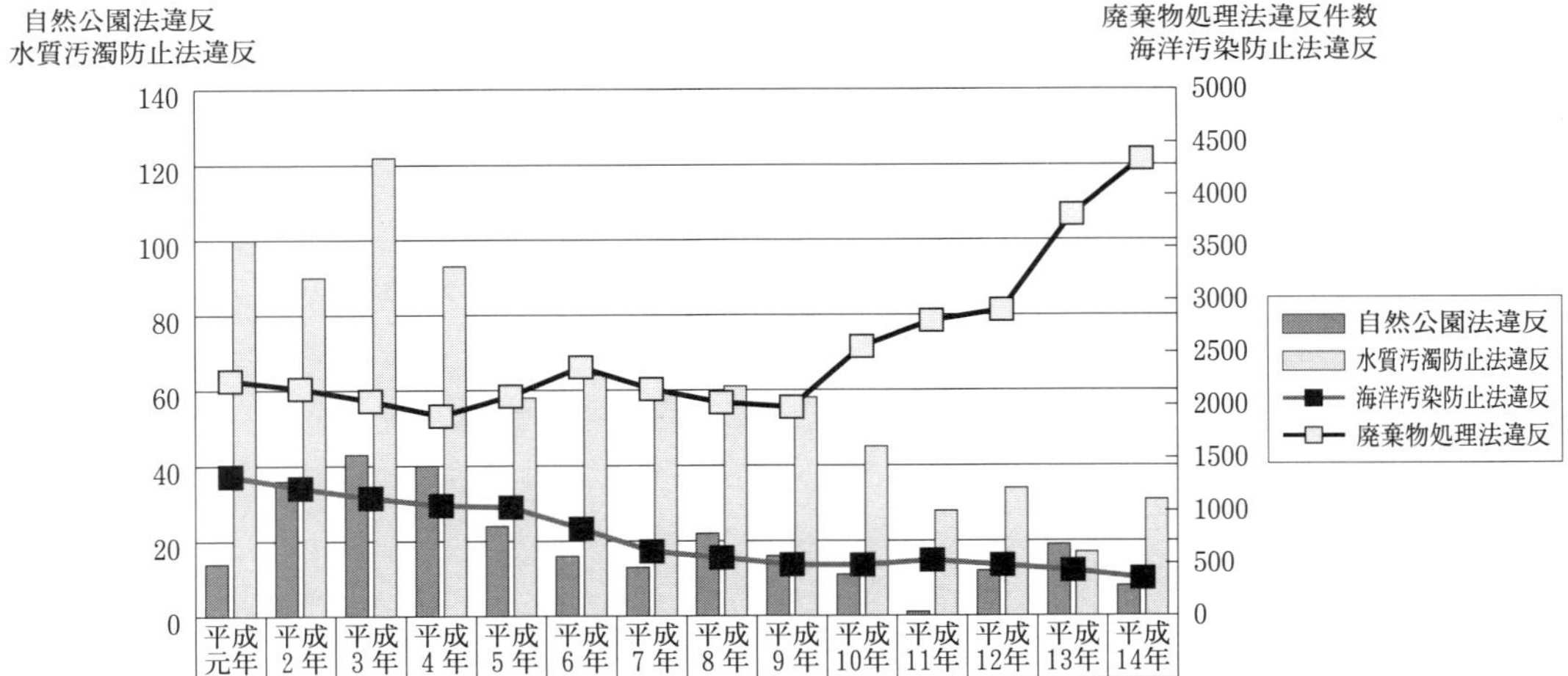

	平成元年	平成2年	平成3年	平成4年	平成5年	平成6年	平成7年	平成8年	平成9年	平成10年	平成11年	平成12年	平成13年	平成14年
自然公園法違反	14	36	43	40	24	16	13	22	16	11	1	12	19	8
水質汚濁防止法違反	100	90	122	93	58	64	60	61	58	45	28	34	17	31
海洋汚染防止法違反	1331	1220	1126	1055	1038	834	616	555	488	483	528	482	431	356
廃棄物処理法違反	2235	2159	2042	1900	2087	2361	2152	2024	1980	2554	2800	2902	3811	4341

描ききった傑出した作品である。[*]『罪と罰』は、以下のような「あらすじ」である。

主人公はラスコーリニコフという元法学徒である。彼は秀才であったが、母親からの学費の仕送りが途絶えたために退学を余儀なくされ、貧しい生活を送っていた。そのような日々のなかで、ラスコーリニコフは、母親や妹も借金していた非道で強欲な高利貸しの老婆の殺害を決意し、斧でこれを実行した。その後、彼は金品を物色し、盗みに成功したものの、予期しなかった二番目の殺人（老婆の義妹の殺害）も実行することになった。その後、彼は良心の呵責にさいなまされ、夢を見る。そうして彼は一人の娼婦と出会う。娼婦（ソーニャ）は貧しい生活のなかで家族を救うために身を売った。彼は彼女にすべてを打ち明ける。のちに彼は八年の刑を受け、シベリアに送られる。ソーニャもついて行った。当初ラスコーリニコフの自負心は消えることなく、囚人仲間とも対立する。心身ともに衰弱した彼が窓から遠くにたたずむソーニャの姿を見たとき、彼の心のなかに大きな変化が生じた。彼は初めて自らの傲慢さから解き放たれ、ソーニャのなかに精霊を見た。その精霊がラスコーリニコフに信仰をもたらし、彼を復活させることになった。

そこでは、二つの課題が私たちに問いかけられている。その一つは、主人公（ラスコーリニコフ）の家族（母や妹）を救うことや自らの学業を成就させるための罪（殺人）が許されるかが問われる。主人公は「ひとつのちっぽけな犯罪は数千の善行によってつぐえないものだろうか？

ひとつの生命を代償に、数千の生命を腐敗と堕落から救うんだ」（ドストエフスキー著／江川卓訳『罪と罰』〔上〕岩波文庫、一三九ページ）と語っている。この課題は、環境における罪という課題にも当てはまる。環境における罪は、経済発展や人間の生活の利便性のために、汚染物質が排出されることによって環境汚染の進むことが許されるかにも通じている。

いま一つは、窮乏をきたした将来ある若者が愚かな、将来の短い老婆を殺すことが可能であるかである。この課題も、環境における罪にも当てはまる。地域に進出した当時の企業の論理のなかにこのような若者の論理がなかったとは言い切れない。

例えば、四日市公害被告六社による前出の「記録」のなかに、次のような記述がある。

「このありふれた病気を有機水銀中毒のような医学的因果関係の比較的はっきりした特殊な病気と同じ立場で論じられては、かなわない――というのがわれわれ被告側のいつわらざる気持ちである」（『記録』四七ページ）。

このような企業の姿勢から、私たちは企業による地域への関わり方と住民に対するさまざまな配慮の仕方に目を向けることを学ばなければならないと思う。そのために被害住民から独立した世論が成熟し、その世論が前述のソーニャの役割を演じるなかで、企業を変え、企業に環境責任を負わせることが不可欠である。企業の環境責任は、地域への利潤の還元として、例えばエコ・ファンドやグリーン・ファンドのような名称をつけて、企業が住民と協働して快適な環境を創生するための具体的な地域還元型拠金が考えられよう。

四日市公害の原告患者の一人であった、野田之一の次のような証言もこのことを示唆している。「四日市コンビナートは日本の高度経済成長の歪みだと思う。昭和三十年代の日本の企業は環境を守る技術をもっていなかったし、その技術を研究する暇もなかった。それに、設備投資する気もなかったと思う。日本の企業は要するに、儲かればいいっていう感じであった。そのつけが結局地域の住民に降ったということだ。もし、この付近に何にも人家がなくて、人が住んでいなかったら、トラブルは起きなかった。ところが、実際には目と鼻の先に、地域住民が生活していた。地域の住民は、生きるか死ぬか、実際に死ぬ人まで出てきたから問題が起きた。しかし、その当時は、日本が発展途上の時代にあって、政府の偉いさんをはじめ、企業も経済的にゆとりもないし、経済発展を成し遂げようと必死だった時期だったから、なりふり構わずやった時代だったから、結局四日市公害が発生する最悪な状態になった」（前掲『快適環境都市をめざして』三三八ページ）。

野田がいつも言う言葉のなかに、「公害っていったい何なん。その公害のおかげでみんな損をした。おれらも、企業も……」と語ることがある。この野田の言葉は重い。現実に直面し、これを直視し、闘った人の思いが凝縮されている言葉である。

このように環境問題のなかの「罪と罰」は、強者と弱者の論理が大気汚染や水質汚濁を引き起こし、地域住民に対し甚大な被害をもたらした。その結果として訴訟においては強者も、弱者も勝者にはならなかった。公害という罪は、企業の経済活動からもたらされた現代社会の歪みである。言い換えれば、公害問題は経済優先で駆け上がった現代社会思想そのものを問うた罪であった。前出のラスコーリニコフは最後に言う。

「おれの思想のどこが、天地開闢以来この世にむらがり、おたがいに角突きあわせているほかの思想や理論とくらべて愚劣だったんだ？」（前掲『罪と罰』〔下〕、三九〇ページ）。

こうも言っている。

「だが、おれの行為がやつらの目にああも醜悪に見えるのはどうしたわけだ？」

「それが悪行だからか？だが、悪行という言葉の意味は？おれの良心は安らかだ。なるほど刑事犯罪が犯されたかもしれん、法律の条文が破られて、血が流されたかもしれん、まあ、それなら、法律の条文に照らしておれの頭をはねればいいはずだ……それで十分さ！」（前掲『罪と罰』〔下〕、三九一ページ）。

＊ドストエフスキー『罪と罰』について、刑法学・犯罪学の視点から分析を加えた興味深い論文として、上田寛「ラスコーリニコフの周辺——ドストエフスキーの『罪と罰』をめぐって」（立命館法学第二四三・二四四号、一九九五年、一五二一—一五四三ページ）がある。

現代社会に咲いた公害というあだ花を再び菜の花に変えていくために、わたしたちはこの「罪」に目を覆うことなく、これを真摯に受け止め、反省を重ね、未来の人類の生活空間に何を残すのかを見据えていかなければならない。そのためにも、いま私たちに求められているのは、より快適な環境を創出することへの意識転換・心構えである。

一裁判官から見た四日市公害裁判

近田正晴

建築家の安藤忠雄氏が「人には原風景がある。」と言われていたが、私にとっての原風景とは、緑の野山や小川のせせらぎではなく、モクモクと煙を吐く赤と白の巨大な煙突で、この煙突が見えると故郷に帰ってきたという安ど感がわいてくるから不思議である。私の父が津地裁や四日市支部で書記官等をしていた関係で、小学校を卒業する一九七五（昭和五十）年まで四日市市内にある官舎で過ごしていた。四日市公害が最も激化した時期に少年期を過ごしたことになり、このことは私が法曹界を目指した大きな要因であったと思う。官舎が郊外にあったため、私はぜん息にならずに済んだが、私の通学していた校区内には工場と隣接する地域があり、公害病認定患者の同級生がいた。その同級生は生来的に体が弱かったのであろうが、インフルエンザ等が流行すると学級で最初に欠席し、一番最後になって登校するという状況で、子どもながら、最も弱い者が最も被害を受けるという公害の本質を感じざるを得なかった。官舎の近隣にある化学企業の宿舎に住んでおられた友人の母親が、「四日市は空気が悪いと聞いていたが、大したことない。」と言っていたのを聞いたときは、子ども心に、「だったら、工場の近くで住んだら」と憤りを感じたのを今でも覚えている。

ところで、コンビナート工場群は大気汚染公害をもたらしたという影がある一方、経済的な豊かさという光ももたらしており、四日市を発祥とするジャスコが全国展開していったのも、この経済効果と無関係ではなかったであろう。そのような経済優先と環境保全とが対立する一九七二年に四日市公害訴訟の判決が下されたことになる。判決がされた後、父から九分冊（B5版で積み重ねると三十センチ強の高さ）になる判決の写しを見せてもらい、これだけのものを書ける人がいるんだと感心したのを今でも覚えている。そして、現在でも、津地裁の資料室にある判決写しを拝見するにつけ、判決に関与された裁判官、特に主筆であられた後藤一男裁判官の労苦を思うと感嘆せずにはおられない。公害訴訟は膨大な記録を読み込まなければならないのは当然のこと、我々が苦手とする科学的知識が要求されるうえ、社会的に多大な影響を与える新たな判断を迫られることが多く、裁判官としてはできれば避けて通りたいというのが偽らざる心境である。

四日市公害訴訟の判決内容については、森島昭夫教授、淡路剛久教授等の数多くの判例評釈等が出されており、ここで論じるまでもない。しかし、訴訟全体については、ほとんど検証されてこなかったように思われる。訴訟は、提訴以来約五年弱で判決に至っており、このような公害訴訟としては画期的といえるほど短期間で終了している。おそらく、迅速な争点整理、集中的な証拠調べ等がされたと思われるが、これらについて実際はどうであったか、訴訟にたずさわる者として気になるところである。

周知のとおり、吉田克己教授等の三重県立大学医学部関係者、伊東彊自気象研究所応用気象部長らが証言に立たれ、その専門的知見が法廷に提出されたことで、原告勝訴の結論が導かれたものであり、これら方々の勇気と努力に対し、裁判にたずさわる者として敬意を表しなければならないであろう。

ところで、吉田教授は、自身に対する尋問が七回、延べ約五十時間以上に及び、主尋問が二回で終了したのに対し、反対尋問が五回に及び最終回は午後七時すぎとなった事態をとらえて、「因果関係に関する被告側弁護士の反対尋問は…文字どおり重箱の隅をつついてでも矛盾点を引き出したいという容赦のないものだった。原告側証人にとっては大変緊張させられる場面でもあり、一言一句を選んで答える、朝十時から午後五時、時には七時頃まで緊張の連続で、その日が終わるとぐったりして何も考えたくないという状況であった。このような緊張の連続となる仕事は、もう二度とやりたくないというのが偽らぬ心境だった」（吉田克己『四日市公害』一四五ページ）と述べておられる。専門家に対しても当事者が反論をできる機会を与える必要があるのはいうまでもないが、専門家の見解は理論的に正しいかという点につきるのであるから、書面で回答させるということも可能であり（民事訴訟法二〇五条）、主尋問の倍以上の時間をかけて反対尋問をさせる必要があったのか疑問というほかない。専門家に対する司法関係者の配慮を欠いた対応が、多くの裁判で原告被告を問わず、専門家を法廷から引き離す要因となったことは否定できないであろう。

四日市公害訴訟は、四大公害裁判のうち、唯一、汚染源が単一でない、複合的な大気汚染に関するものであり、現時点でも、法的な問題も含めてさまざまな問題を我々に投げかけていると思われ、その検証のためにも、被告側も含めて関係者の方々からの証言をお聴きしたいものである。

（津地方裁判所松阪支部長判事）

第3章

公害問題を〈ひとの心〉とつなげるために

山本真吾

1 〈なれていくこと〉の怖さ

ごく最近、大学の医学部あるいは医療ミスをあつかった問題作『白い巨塔』が話題になった。私がこのドラマを見ていてもっとも心に残ったことは、大学教授の権威主義の醜さとか医療ミスで大切な人を失った遺族の悲しみや怒りあるいは苦悩とか、そういったよく取り上げられる問題ではない。

もともと普通の感覚、あるいはそれ以上に理想や志を抱いていた人がその組織の中の役割を帯びて、知らず知らずに人としての感覚やモラルが麻痺してゆく怖さにふるえたのである。

主人公の財前教授が、医学界の名声にがむしゃらにしがみつくシーンが毎回描き出される。しかし、私の心を捉えるのは、そういった権威にこだわる姿ではなくて、むしろ、田舎にいる母親が、息子の身を案じながら、「私の息子は病で苦しんでいる人を一人でも助けたいと、徹夜で頑張って勉強していました。体がもつかしらと心配で…」といった趣旨のせりふであった。

もともと病気を治したい一心で勉強していた彼が、なぜ患者の苦悩から遠いところにいってしまったのか？

しかし、彼の行いは、私たちにとっても、他人事ではないように思えてならない。いや、むしろ、私がここで述べたい一番大事なことは、いささか唐突なようであるが、このような万事「他人事」とする姿勢こそが公害をもたらした根本の原因ではなかったかということなのである。

高校や大学に通う若い学生は、それぞれの得意とする専門分野に進んで、農学、医学、化学、また、歴史や法律、経済学を学び、あるいは芸術やスポーツの世界で能力を伸ばし、さまざまな職業に就いてゆくだろう。

この専門の「壁」は想像以上に厚く、専門に進むということは、ときに、裏を返せばそれ以外の世界・価値観をいっさい排除し、その専門世界のみの〈常識〉の中で生きることを意味する。ある分野の〈常識〉は、別の分野では〈非常識〉ということも当然あり得るわけである。

社会という〈おとな〉の世界にも、同じことがあてはまる。個々の企業の常識、銀行の常識、公務員の常識、教員の常識、主婦の常識が、医者の常識と同じように、別個に存在して、多様な価値判断の中で混沌《こんとん》としている。そして、いったんその常識を備えてしまうと、別個の常識は意識的にあるいは無意識のうちに排除してしまう。あるいはその常識が別の世界にも広く通用する〈社会一般の常識〉であるかのような錯覚に陥ってしまうことも少なくないようである。

もともと病気を治したい気持ちで入ってきた医学生も、やがて多くの患者の死をみて多くの人の体を切っているうちに知らず知らずのうちに「なれ」てしまい、生身の人間を切り裂いているという自覚が薄まってゆく。

公務員の職についた人がマンネリとなった仕事の中で、税金を使って地域の仕事にたずさわっているという自覚が薄れてしまう。省庁や役所の不祥事や無駄づかいと批判される事業が、毎年、各地の自治体で繰り返されるのは、その精神土壌として、汗水たらして働いた、その市民のお金で市民の幸せと安全のために使うという、ごく基本的なところが麻痺しているとしか考えられない。

農作物のうち、自分たちが食べる作物は農薬で処理せずに（見栄えは悪いが）安全を確保し、出荷し商品として市場に出すものは、大量の農薬を撒《ま》く。作り手に顔の見えない消費者には安全を望めないものだろうか。もっとも、その責めは農作物の作り手だけではなく、見栄えの良さにこだわる消費者やそれを市場に流通させる人々も負わなければならないものであろう。

このように、どんどん専門に入り、組織に所属してゆくと、本来おかしいはずのことにも、制度として、お約束として「なれ」てしまう、そして場合によっては、人として大切なものが忘れられてゆく危険をはらんでいるのは、何も『白い巨塔』の財前教授だけではなく、私たちにもひとしく当てはまることではないだろうか。

自分たちの〈常識〉に閉じこもって〈へだて〉あるいは〈壁〉を築いてしまったために、見えなくなった大切なことは実に多いと思う。

家庭から流れ出す汚水がいかに深刻な環境破壊をもたらしているか、どれほどの人がわかっているだろう。水道の排水口からほんの数滴の油を流すだけで、どれだけのきれいな水が浄化に必要か、考えたことがあるだろうか。わたくしたちは、排水口のその〈先〉を見る必要に迫られているのだ。

排水口に入ってしまうことで、私たちの目から「汚物」は「見えなく」なりはするが、決して「なくなった」わけではない。この「汚物」はどこへ行くのだろうか。自分の所属している世界の〈常識〉や〈習慣〉の呪縛から解放され、これをもっと深く、広く見つめる視座が求められているのだろう。

公害の悲劇は、有毒物質を工場から空や海に放つことで、〈外〉界に追い出し、〈内〉にいる企業の人から「見えなく」なったところからはじまったとも言えるのである。

2　文学は公害問題をどうとらえるか

硫黄酸化物や窒素酸化物による大気汚染の環境破壊、それから、ぜんそくという病気の原因究明、診断方法、治療といった医学の問題、また、公害病患者に対する補償のための訴訟といった法律の問題……これまでの公害に関する主要な問題はこういったところにあり、各方面の専門家が知恵をしぼって取り組んできた。

公害問題は、決してこれまでの学問の枠では解決できないもので、その専門の「壁」を取り払うことが急務である。

私なりのたとえを用いれば、ある人が胃を患っており、医者に診てもらう。内科、そして消化器科と、かかってもはっきりしない、各科をたらいまわしにされたはてにたどり着いたのは、ストレスを診断する心療内科であり、やっと原因がわかった、といった話である。人間というトータルな視点が欠落して、身体をその部位によって循環器とか、消化器とか、泌尿器などと区分けしてゆくうちに、ときとしてその人の心の病に連動しておこる病を発見できなくなってしまうことがあるのだ。

学問の壁を設け、専門化することは、このようにトータルな視点、判断が欠如する危険がある。公害問題も、それぞれの専門の立場や強みを持ちつつ、互いに知恵を出しあって事を運ぶ性質のものではなかろうか。

では、この章で扱う文学作品は、公害問題のどの部分をえぐりだす材料となるのか。これまで、文学研究などといった文系基礎の分野はおおよそこういった公害問題とは無縁の学問であった。結論を先取りしていえば、公害問題を「人間」の立場や心の問題と繫げる、その関係性へのまなざしを提供するということであると思われる。

ここに、若干の事例を挙げて、説明を加えてみよう。

成井透『罪の量《かさ》』（菁柿堂、一九八六年）は、四日市公害に取材した小説である。


発電所の責任者が出て来て、といっても係長クラスの人間だが、五百円札の入った封筒を手渡して、「えらい、すみません。今日のところはこれで堪忍して下さい」と頭をぺこぺこ下げた。

漁民たちも金を貰うと、誤魔化されているとも知らずに磯津に引き上げた。そんなことを繰り返しているうちに、漁民の中には仕事に出る代りに空を眺めていて、風の吹き具合によって少しでも煤煙が飛んで来れば、発電所の門に行って坐り込んで金を貰うことを仕事にするものも現れた、という噂がたった。（二〇ページ）

ここには、漁業ができないと訴える民衆、すなわち被害者だけでなく、発電所の責任者という表向きの加害者、その双方の困惑の複雑な状況が描かれている。漁民の生業、発電所の対応、そしてさまざまなデマ……「噂」は人から人をとおして、当事者のさまざまな思惑と絡みつつ発生し、伝える人びとの善意と悪意にデコレーションされて、伝わってゆく。

このような、人間の複雑な感情のもつれは、何も四日市公害に限ったことではない。水俣病研究の第一人者で、水俣学を提唱される原田正純《まさずみ》氏の書かれた小学生向けドキュメンタリー『水俣の赤い海』（フレーベル館、一九八六年）にも、

「奇病は人にうつるとばい」といううわさのために、だれもきてくれません。今まで遊んでくれた友だちも、親からしかられるので遊んでくれません。姉ちゃんが、お店に買物にいっても、お金を直接受けとってもらえません。土間にお金をおくと、お店の人はおはしでつまみあげてはここに入れるのですが、それを見ると、姉ちゃんは悲しくて、もう、学校に行くの

もいやになってきました。（三五ページ）

工場から流れ出た有機水銀が海をよごし、それが魚や貝の中にたまり、それを食べたネコや人間が中毒をおこすといった「奇病」のメカニズムが解明された後にも、「伝染する」といううわさはなかなか消えなかったそうだ。病を負った人のみならず、その家族、とりわけ子どもたちにどれほど深い心の傷を残したか、原田氏の本ではこのような側面に光を当てている。

新潟水俣病の聞き書き集『いっちうんめえ水らった』（越書房、二〇〇三年）にも、被害者とその子どもたちがどのような「噂」の中で呻吟《しんぎん》していたか、如実にその人の語りが教えてくれる。

でも、病院行くってのは大変だったの。大学病院へ行ったればね、その頃はもう補償のお金が決まっていたから、お金がもらいたくてきたのか、という顔されて。「松浜の人が、子どもまで連れてきたのか」と医者と看護婦がしゃべってるのが聞こえるの。その言葉は子どもも聞いてるし、雰囲気だって感じるから。（略）子どもが六年生くらいだったかな。学校でも同級生に、「お前、水俣になってカネいっぺもらったろう」って言われたって。それで学校から抜けてきて何日も休んだこともあった。そんなことがあってから、子どもは、

「もう、検査なんか行きたくない」ってやめてしもうたの。（一五ページ）

公害病の犠牲者は、その病を負った人だけではなく、妻や家族も含められることが理解される。ふたたび、成井透『罪の量』を見てみよう。

「父ちゃんはずっと帰ってきとらへん。母ちゃんの補償金が何百万円ももらえるかも知れへんというんで、毎日酒を飲んでいるんや。うちらは、金もろうてもちっともうれしいことあらへん。そのうち父ちゃんは悪い女に騙《だま》されて、金を全部巻き上げられてしまうのに決まっとる。公害問題は金ではちっとも解決にならへんのや。共産党の人たちは会社からほんまにぎょうさん補償金をもろうてくれはりますが、うちらには何の役にも立たへんのや。父ちゃんは金のために駄目人間になってしまうし、母ちゃんの生命の代金を酒に変えてしまうなんて、母ちゃんやって死んでも死にきれやへん」（一四一ページ）

「環境保護」とか「環境汚染」とかいった、抽象的に社会問題を言い表す言葉では表現できない、一人ひとりの人間の苦悩がここに現れている。公害の被害者とは、だれを指すのか。漁業のできなくなった人を救えばいいのか。公害病で悩む人たちに償いをすれば済むのか。そのような単純なものではなく、深い傷を負う現場の声に耳を傾けることも大切なのだ。

これらの文学による表現は、ニュースなどではなかなか報道されにくい被害者の裾野の広さ、問題の深さを訴える手段として、独自の世界を形成しているといえよう。

3　当事者の肉声を伝えるということ

公害のさまざまな悲劇、問題の深層を、これを直接には被ってはいない「他人事」と思っている人々に、訴え、理解を得るにはどのような手段があるだろうか。

そもそも、こういった他者にうったえる表現の手段は、何も文学にかぎったことではない。その最も有力なものとして、マス・メディアがある。新聞やニュースの報道によって、カメラとキャスターの解説により、お茶の間に居ながらにして、その内容を目と耳で知ることができる。これには伝達のスピードという魅力もある。その日に取材された情報がその日のうちに伝達されるのだ。人の心に褪《あ》せがこないように瞬時に印象深く伝えることに優れている。ただその一方、マスコミの報道は〈時間〉という価値観に囚《とら》われすぎている欠点も見逃してはいけない。他の局が先に伝えては意味が失われる。今でないと価値がない、そのような刹那的な報道も少なくない。じっくり丁寧に取材し、長い年月をかけて製作するといったことは取材者や番組製作者をとりまくさまざまな事情から制約がかかり難しい面のあることもたしかであり、視聴者はこの点をわきまえる必要があろう。

テレビや新聞の他には、写真も重要である。百千ものことばを紡ぐよりも、一枚の写真が実に大きな力を発揮することがある。アメリカの著名な写真家ユージン・スミスが一九七二年に撮影した「胎児性水俣病患者の故上村智子と母」は、その白眉で、世界中の何十万、何千万という人々に大きな感銘をあたえた。撮影から三十年たった今も、科学技術の負の側面を表す一枚として、国内外の写真集、図録、ポスター、学校の教科書などに用いられている。

浴槽の中でじっと上に眼を開いたままの少女。そのやせてこわばった体を母親が抱きかかえている。まず、見る者は、変形した手足やこわばった表情に視線を落とすが、次にその我が子を支える母のやさしいまなざしをとらえる時、ここに〈ゆるぎない絶対の愛〉を感ぜずにはいられない。原田正純『水俣の赤い海』でもこの母の目を「この世でもっともやさしい目つき」と言っている。もともと人間という生き物はこれほどまでに汲めども尽きぬ泉のような、豊かな愛情を生み出すことができたのか、とそう痛感させられる。この写真にはありきたりの言葉や理屈が入り込めないすごみがあり、見る者に迫る。

自らの命をかけて人を破滅から救おうとしてこの世に生まれてきたのだ……ジャンヌ・ダルクにもなぞらえられ、たから子といわれた智子は、二十一歳でこの世を去っていった。

桑原史成《しせい》『母と子でみる水俣の人々』（草の根出版会、一九九八年）には、「成人の日」の夜、盛大な宴がもたれ、智子を抱くうれしそうな父親の写真が載せられている。見る者の目にはひとしく「この世でもっともやさしい笑顔」と映る。

このほかにも、絵画や音楽、あるいは演劇、さらに子ども向けの絵本など、公害問題に取材したものがある。

それぞれに、その手段でしか言い表せない何かをもっているのだろう。

四日市公害にも、それぞれの手段において優れた作品があるが、こういった表現世界に最も優れた達成を示すのが、石牟礼《いしむれ》道子を頂点とする水俣公害にちなむ作品群である。

石牟礼道子と水俣病公害

水俣病を表現するメディアの原点ともいうべき本に、この石牟礼道子『苦海浄土』がある。この本に触発されて、多くの作品が世に送り出された。

石牟礼道子は、一九二七年に天草で生まれた。水俣病に関する著作に限定しても、『流民の都』『天の魚』『草のことづて』『潮の呼ぶ声』など数多くある。

——有機水銀におかされた身体は、自由にならずにふるえ、視野が狭まり、容姿がゆがむ。

あねさ、わしゃ酔いくろうてっしまいやしたばい。ひさしぶりに焼酎の甘うござした。よか気持ちになった。わしゃお上から生活保護ばいただきますばって、わしゃまだ気張って沖に出てゆくことでござすけん、わが働いた銭で買うとでござすけん。わしゃ大威張りで焼酎呑むとでござす。こるがあるために生きとる世の中でござす。

なあ、あねえさん。

水俣病は、びんぼ漁師がなる。つまりはその日の米も食いきらん、栄養失調の者どもがなると、世間でいうて、わしゃほんに肩身が狭うござす。

しかし考えてもみてくだっせ。わしのように、一生かかって一本釣の舟一艘、かかひとり、わしゃ、かかひとりを自分のおなごとおもうて——大明神さまとおもうて崇うてきて——それから息子がひとりでけて、それに福ののさりのあって、三人の孫にめぐまれて、家はめかかりの通りでござすばって、雨の洩ればあしたすぐ修繕するたくわえの銭は無かが、そのうちにゃ、いずれは修繕しいしいして、めかかりの通りに暮らしてきましたばな。坊さまのいわすとおり、上を見らずに暮らしさえすれば、この上の不足のあろうはずもなか。漁師ちゅうもんはこの上なか仕事でござすばい。（『苦海浄土』以下同、一八五ページ）

水俣病の被害者である、その当の本人＝当事者の、酔いにまかせての語りは、不幸や怒りをむきだしにしてはいない。彼らの日常の生活を、水俣弁の日常のことばで淡々と語っているのだ。本来、口も自由に動かず、決してなめらかに言葉がでない、この病気におかされた人々の生の声を、この小説は復元してくれているのであり、その言葉が読者の心につきささるのであろう。

うちは、こげん体になってしもうてから、いっそうじいちゃんがもぞか（いとしい）とばい。見舞にいただくもんなみんな、じいちゃんにやると。うちは口も震ゆるけん、こぼれて食べられんもん。そっでじいちゃんにあげると。じいちゃんに世話になるもね。うちゃ、今のじいちゃんの後入れに嫁に来たとばい、天草から。（一二七—一二八ページ）

人間な死ねばまた人間に生まれてくっとじゃろか。うちゃやっぱり、ほかのもんに生まれ替わらず、人間に生まれ替わってきたがよか。うちゃもういっぺん、じいちゃんと舟で海にゆこうごたる。うちがワキ櫓ば漕いで、じいちゃんがトモ櫓ば漕いで二丁櫓で。漁師の嫁御になって天草から渡ってきたんじゃもん。うちゃぼんのうの深かけんもう一ぺんきっと人間に生まれ替わってくる。（一五八ページ）

病気におかされた人の感情は、人生に絶望し、加害者を憎むばかりではない。負の感情のみで残りの人生を悲しく過ごす——などという思いこみは高慢で無礼であろう。ここに描かれるような正の感情にも注目しなければ、公平さに欠けることになる。

病に犯されることで、かえって、愛、感謝、いつくしみといった、本来人間が持っている美しい感情がよみがえることも少なくない。自分の体の一部、心の一部になった伴侶、家族の存在を改めて自覚し、その愛情の深さ、絆の強さを確かめることができた、という感慨は、多くの被害者たちに共通するもので、聞き書きなどの記録資料にもしばしば見えるものである。

「いっちうんめえ水らった」と新潟水俣病公害——いくつもの水俣かくし

新潟水俣病問題は、事件発表から、三十一年たった一九九六年の春に一応の決着をみた。しかし、なぜ、被害を受けた人が肩身の狭い思いをして生きていかなければならないのかという、被害者の嘆きは未だ払拭されていない現状にある。

聞き書き集「いっちうんめえ水らった」は、二〇〇〇年七月に「新潟水俣病から学ぶ市民講座」の際に、聞き書き集編纂のスタッフを募集したことがきっかけになったという。「被害者の会」の中心的な役割を果たした人たちがこの世を去ってゆくことでそのナマの声も失われる危機が訪れようとしている。

十人の被害者の方の聞き書きには、それぞれ当事者でないと話せない特有の力がある。病気そのものの苦悩も当然のことながら、これにまつわるさまざまな偏見、差別……被害者は、川を水銀で汚染した会社のみならず、病気や暮らしをおびやかす、こういった人間関係をめぐるすべてのものとの闘いを余儀なくされ、まさにそれは命がけであった。

新潟水俣病公害問題では、いくつもの「水俣かくし」があったようだ。それは病の発生源である会社や責任を問われそうな行政だけではなかった。

昭和四十年だったか、新聞やテレビで騒がれて、その時漁業組合から「松浜に水俣病はない。そういうことだ」と言われたの。漁業で生計を立ててる土地だから、水俣病が出たなんてことになったら、魚が売れなくなる。大変だ、ということで。

（木村満子「子どもに済まなくて」・水俣かくし、一二〇ページ）

命をおびやかす危険を知りつつ、病気が発生しているにもかかわらず、それを隠そうとする漁業組合は、被害者でありながら、やがて加害者ともなり得る存在であった。

何かの集まりに出てたら丁度水俣病に認定されたいとこが入ってきたんですと。そしたらあちこちで、

「おい、水俣がきたぜ、ミナだ、ミナだ」って声が聞こえて、

「おら、あんな陰口を、絶対言われたくねえ」ってねえ。認定された人が一千万円貰ったとか、年金が幾ら出るとかいうことをみんな知っていたので、後から名乗り出るのは、金欲しさに仮病つかっていると思われるんじゃないか、ということがまず頭をかすめるんですよね。それと同時に「水俣病の出た家から嫁は貰わんね」だの、「就職もできない」だの、いろいろ言う人もいたんです。（小武節子「ほっかむりはやめよう」・水俣かくし、一六七ページ）

被害者の周囲はいつも温かいまなざしばかりではない。差別や偏見にもあうことがある。水俣病であることを隠さなければこの地域では暮らしてゆけない、ここには被害者自身によるもう一つの「水俣かくし」がある。さらには、

おれらも少し遅れて仲間と一緒に大学へ行ったんだけどね、水俣病の検査の人は裏から入るんですよ。裏から入っても受け付けは表の方。一般外来が終わってからやるんです。そしてね、

「水俣病の団体さん、こちらへどうぞ」と大きい声で呼ぶんです。ほかの人たちもいっぱいいるところでね。

視野狭窄の検査なんかね、丸いものがあって星みたいな点々がついてるんですよ。その幅を広うしたり狭うしたりね。見えるか見えないかって指さすんです。見えるところは見えるっていいますよ。

「これ見えますか？」って言うから、

「見えません」て言うと、

「見えるでしょ」

「見えないですよ」と言うと、

「いや、見えるはずだ」とくる。

「じゃあ、あんたここ来ておれと替わってみれ、おれが指してやるから」って言ってやったよ。

まるで排除するための検査でねえか。患者を信用しないで何が医者ですか。疑ってばかりかかってさ。（樋口幸二「子や孫のために」・ようやく大学病院へ、一九五ページ）

大学病院でも、このような扱いを受けたという。「水俣かくし」に荷担するような姿勢として銘記すべき事例である。

当事者が自らの口を開いて語る、その記録は、まさに肉声で、他の誰にも語れないことがらを伝える手段として尊重されなければならない。

4 〈四日市公害〉と文学

藤田明『増補　三重・文学を歩く』（三重県良書出版会、一九九七年）は、三重県各地に取材した作品や出身の作家を丹念に調べ上げ、的確に論評した本であるが、その「四日市とその周辺」に四日市公害を扱った文学作品を紹介してくれていて、有益である。

詩では、石垣りん「あやまち」、小野十三郎「コンビナートの鰻」、黛元男『ぼくらの地方』を挙げ、小説では、直木賞候補になった井上武彦「銀色の構図」や、さきに冒頭で紹介した成井透『罪の量』、さらに、ノンフィクションの田尻宗昭『四日市・死の海と闘う』、沢井余志郎編『くさい魚とぜんそくの証文』などを列挙している。

ここではそのいくつかの作品を取り上げ、具体的に紹介しながら、文学作品を通してみた四日市公害の問題を掘り下げ、私たちがつくる〈四日市学〉と文学との関わりについて考えてみたいと思う。

四日市公害を詠じた詩

三重県出身の詩人黛元男の詩集『ぼくらの地方』には、塩浜地区近辺の風景がしばしば登場するが、北勢沿岸の重化学工場によって、その光景が変貌してゆく姿をとらえる。「塩浜にて」の彼の言葉。

三菱モンサントから
運河を西にのぼり
亜硫酸ガスの等量線をもとめて
ぼくらはここまで来た。
川底におりたような
ここ雨池という低湿地部落
民家の屋根はひくく重なり
ヒメムカシヨモギの群れが軒先まで生いしげって

廃坑のように荒れている

植物の観察に詳しい作者は、ここでも、外来種（北米産）「ヒメムカシヨモギ」の群生をとらえる。この群生は、〈繁栄〉というよりは〈荒廃〉をシニカルに描く表現素材として注目される。シニカルというのは、皮肉という意味で、つまり、群生の〈盛んにのびはびこる〉ことは、一見〈繁栄〉を連想するようだけれども、その実、これしかのびないような土壌と大気になってしまったという〈荒廃〉を描いているということである。

古タイヤに腰掛けて、詩に登場する「ぼくら」はいったい何を思うのだろう。明確なかたちにならないままに、梅雨ぞらになり、雲行きがあやしくなる。

ぼくらは部落の裏手に出た
骸炭（がいたん＝コークスのこと）の道はすぐに尽きて
足もとから
陰画のように黒々とした湿原が
扇状にひろがっている。
ぼくらはもう進めない。

波うつ葦原のずうっと向うに
石油タンクの球が銀色にならび
そこだけが童話国のようにあかるく光っている。
石油資本の繁栄と荒廃が
このあたりにざっくりと口をひらいているのだ。

「ぼくらはもう進めない」その言葉に負の意志の強さを読み取ることができよう。また、石油タンクのあかるく光るさまを「童話の国」と表現しているところも、シニカルに響く。

四日市コンビナートの夜景を一度でも見たことのある人ならば、この描写がいかに的確かが容易に理解されるだろう。若者のドライブコースでデートスポットにもなっているとの話を聞いたこともある。たしかに、この夜景は虚心にみればそれほどに美しい。だが、私たちはその〈先〉を見なければいけないのだ。

小野十三郎「コンビナートの鰻」は、一九六三年に『無限』十四号に発表され、その後六六年詩集『異郷』に収録された。

わずかながら知っていることは
もっと小さなことがらだ。
たとえば
あの
イランやクエートからくる原油を陸揚げする桟橋の
橋桁の下の
どす黒い水の中に
棲息している
ウナギのことである。

「たとえば」以下の一文は通常の表現ではない。もしこれが論説文などに見えるとしたら、間違いなく悪文のレッテルを貼られるであろう。これは詩の文であり、詩の中でいきる表現なのだ。この一文の構造を「ウナギ」という名詞にかぶさってゆくことばに注目して解きほぐしてみよう。
「あの」↓（ウナギ）「イランやクエートからくる」↓「原油」を陸揚げする↓「桟橋」の↓「橋桁」の↓「下」の↓「どす黒い」水の↓「中」に↓棲息している↓「ウナギ」

「あの」と、読者の未知の事柄を提示しておいて、次々と「の」や活用語の連体形によって言葉をたたみ込んで繋いでゆき、最終的にはいっさいのことばが「ウナギ」へとかぶさってゆく。あたかもカメラのアングルが遠景を捉えて次第にウナギにクローズアップされる〈動き〉が、見事にことばによって表現されているのだ。この動的な表現は、写真や絵画のような手段では表せない。ことばのように時間軸に規制された表現手段のなせる技法である。

同時に、この一文が、イランやクエートという海の彼方の遠い国より、この四日市の身近な自然が汚染される〈へだて〉を表現している点も見逃せない。

四日市海岸の
桟橋の橋桁の下の
泥海にもぐっている石油くさいウナギよ。
しかし　おまえも死に絶えることを
おれは望まない。

四日市公害の悲劇を「どのように言い表すか」、ここでは、そこに生息するウナギを素材として弱者への視線、小さい者、見過ごされがちなものをすくいあげようとしている。

最後に石垣りんの連作「あやまち」を読んでみよう。これは、東海テレビの「あやまち――1970年夏四日市」に岸田今日子の朗読でつなぐドキュメントで放映されたものである。

ここは人間のための町ではありません。
経済のハンエイのための町です。
重役の家は東京
社員の家は山の手
ざっと言えば、まあ
利益だけが生かされる。
政治の
あたたかい血の通うことのない土地に
ガス管と石油管が通っています。
コンビナートの町に住んでいるのは
ほんとうに住んでいるのは
前からこの町にいた人たち
行きたくても行き場のない人たちです。

（「ありさま」）

「ほんとうに住んでいる」とはどういうことを意味するのであろうか。文学作品では、多くの場合、最も大切なことがらを問いかけておいて、その答えは読者自身に委ねるのである。

また、ことばは、先に述べたように、時間軸に規制される点で、写真や絵画と異なり、音楽と共通する。ここには、「重役」と「社員」の対比がある。また、「あたたかい血」と「ガス管」・「石油管」の対比があり、そういった対比のリズムが効果を発揮するのである。

この辺
きれいな浜でしたん
わたしら　いちにち泳いで
夕餉に漁船が帰ってきますと
子供のこってすやろ
とれたシシイワシをもろうて
まだ生きたまんまのを
こんな風に　指の先でしゅっとしごいて
食べたもんですけどなあ。

（「お母さんの昔語り」）

ここには、〈非在の美〉の表現が光る。言語の表現特性を最大限に活かした技巧が認められるのだ。どういうことかと言うと、ここには、大気の汚れとかそこに住む人々の怒りは、いっさい言葉として出ていない。むしろその逆で、「きれいな浜」「生きたまんまの新鮮なイワシ」が描かれているだけである。

それを「でしたん」「だもんですけどなあ」と過去のものとして表現するとき、その背後にある、実際の景色の悲しさ、悲惨さが反射的に深く響くのである。

『新古今和歌集』の藤原定家の歌に、

見渡せば花も紅葉もなかりけり　浦の苫屋の秋の夕暮れ

という有名な歌があるが、これも、眼前の実際の光景には、海岸のうらさびしい秋の夕暮れしか存在しない。しかし、冒頭で、花や紅葉ということばを口にすることで、「ない」といいながらも、そのはなやかで豪華な自然美のイメージが残映となって、聞く人の耳に宿り、いっそうその寂寥感が増幅されるのである。

ことばとは口にするとその世界に入ることができるという不思議な面をもっている。

いま、私が、「ここは海」と記すだけで、読者は、シュノーケルを付けて、熱帯魚とたわむれる姿を脳裏に浮かべることになろう。「トイレ」と口にするだけであたりが何となく「臭って」くる。このように、ことばはそこに実際に存在しなくても、それとして言い表せるという表現特性があり、この石垣りんの「お母さんの昔語り」では、その仕掛けを巧みに用いている。

小説の表現——〈私たち〉の言葉として語る手段

次に、小説に目を転じてみよう。

四日市公害を扱った小説として、まず、成井透『罪の量』について考えてみたいと思う。

「どないしてくれるんや。あんたらは銭さえはろたらそれでええと思とるが、わしらは乞食と違うんやで。阿呆にするのもええ加減にしいな。はよ、煤煙を磯津に降らせんようにしとくなはれ」（二〇ページ）

「わしらは、四日市港がまだできとらん時から漁をしているんや。わしらは、じいさんや、ひいじいさんの時代から、伊勢湾でえびやたこを漁って暮らしてきたんや。コンビナートが進出して来て、わしらが何十年も大事にしてきた魚をわやにしてしもうた。漁場を荒し、わしらから海を取り上げた工場こそ犯人や。県はわしらの味方のような顔をして、コンビナートのゆうなりになっとんのや。企業から金もろうとるさかいな。コンビナートに強いことがいえんのや。もう漁民は伊勢湾から消えていくんや。滅んでいくんや。この海もなごうはない。海の底は腐ってしもうた。昔の海を返しとくなれ。わしらはもうすぐ死ぬんや。せめてわしらの代が死ぬまでは、魚を漁り続けたいんや。お願いだす、漁民として死なせとくなはれ」(二七ページ)

ここには、公害のぜんそくに苦しむ被害者の声が、その方言のままに訴えられる。実際には、咳き込んでこのような明瞭に力強くは語れない当事者が、実に流ちょうに己の苦悩を訴えているのだ。

「あんたには良心なんてあらへんのや。神を信じとるといいなさるんか。あんたは阿呆や。自分がええ人間と思っといなるが、わしらの苦しみなど、ちょっともわかっとらへんのや。わかっとったら、あんな公害企業に、一日やって働いて銭もろうておれんのとちがうやろか。それが人間の良心というもんや」首を吊って死んだ老人の顔が目の前に浮かんでは消え、(略)(九一ページ)

そうして、ついにはすでに亡くなった人の声も、目の前の存在となりえる。

このような、小説の会話表現の力といったものが、きわだって注目される。実際には、流ちょうに語れない、語ろうにも声が咳き込んででない、かすれて、のどが痛くて声を発することが難しい。死んでこの世にいない人の苦悩も、小説では、思う存分に語ることができるのだ。

もう一つ、井上武彦『銀色の構図』（「東海文学」二十一号、一九六五年）を取り上げてみよう。タイトルの「銀色の構図」とは、

たしかにこの夜景はうつくしい。いやうつくしすぎるくらいだ。どの一郭をきりとっても絵になる。シヤガールかブラックのこのみそうな色だ。構図はセザンヌかピカソだ。シユールにもぴったりだろう。奔放自在に線と面がのびひろがっている。送油パイプと石油タンクの線と球。プラントと燃焼塔の面と円柱。煙突と照明灯の線と点。これらの銀色の構図を、黄と紫と青の三色光が水中の光のように八方からうかびあがらせ、するどく闇をきりさいている。（二一ページ）

このような表現に支えられて名づけられたものと思われる。さきほどの黛元男の詩で、「童話国」にたとえた表現に通じるものである。

この小説でも、被害者の声を現出しており、当事者の立場から、自分の声で言いたいことを訴える表現として注目される。


一郎はその手をはねのけて東の方を指さした。工場の方角をしめした。「アッ アーッ アッ アーッ」大仰に咳《せ》くマネをしながら全身をふるわせた。少年ともおもえない激しい感情を両肩にのぞかせた。怒りの顔だ。私には一郎の叫びが胸にこたえた。〈あの工場のうしろにあのときの顔がある。原爆投下のボタンをおした顔がある。ボクをくるしめ、父をくるしめ、あなたたちをくるしめた顔がある。ボクはあの顔をゆるすことができない。パパもそうだろ?あなたたちもみんなそうだろう?〉(三四ページ)

一郎は、主人公の長男の名で、先天的に口がきけない人物として登場する。「アッ アーッ アッ アーッ」と、大仰に咳くマネをしながら全身をふるわせた。その目の前で実際に耳に入ってくる声、〈 〉の声は、その内容に対応している。

主人公は、かつて広島で被爆し、今度は四日市ぜんそくに悩んでいる。ここは、さらし者になると躊躇する父親をふりきって、突如息子一郎が絶叫し、力説するクライマックスのシーンであるが、〈 〉にその訴えが、流ちょうにきちんと表明されることで、二重の効果、つまり、不自由な発声の実際と、その言いたい中味をきちんと伝えるという二つを同時に遂げることに成功している。

ここに見た、文学でしか表現できない公害問題とは、〈話せない者〉の声を当事者として、つまりは〈私たち〉の言葉として伝える手段である、とまとめることができよう。

一般に、文学作品の主題は、優れたものほど一つに特定されない。作家の紡ぐ繊細な言葉の運用を丁寧に読み解くことによって、複雑な深い問題を感じ取ることができるのである。

特に、詩の世界では、「何」を語るかよりも、「どう」語るかが大切である。〈公害の悲惨さ〉を訴えることはいうまでもないが、それを訴えるのにどのような表現素材で――ヒメムカシヨモギとか、コンビナートのウナギとか――、どのように言い表すか――対比のリズム、過去形、「の」による名詞連鎖――が、作品の命である。

このあたりに文学作品という表現手段の独自の領分があるように思われる。ここでは、その味わい方のサンプルを示してみた。

5　総合学習の場への応用――環境文学として

　こういったさまざまな表現手段を用いて、治療や訴訟では救われない苦悩、すなわち、患者とその家族の、人間としての個の感情の複雑なさまを訴えることは、やはり、水俣公害の事例に学ぶことが多いように思われる。これから、私たちが目指そうとする〈四日市学〉を実現してゆくためにも大いに参考とすべきである。

　水俣の例で私が注目したいのは、小学校や中学校などの子どもに向けて、教育現場に公害問題を取り入れていることである。絵本、少年向けドキュメンタリー、語り部など、さまざまな手法を用いて、次世代を担い、将来の地球を背負う子どもたちに公害問題をいろいろな角度から考えてもらう機会をつくることで、この過ちを二度と繰り返さないようにしようとの強い姿勢が窺われるのである。

　このような取り組みでは、朴恵淑／長屋祐一『わたしたちの学校は「まちの大気環境測定局」』（三重県人権問題研究所、二〇〇〇年）が三重県でいち早く手掛けられ、大いに注目される。

ここでは、言葉や芸術の表現といった側面からのアプローチについて少し考えてみたい。

語り部という手段では、この四日市公害問題でも優れた実践例がある。三重県各地の小学校に出かけていって自らが経験し、目の当たりにしたことを自らの口で子どもたちに語りかける野田之一・澤井余志郎の両氏の精力的な活動がそれで、たいへん貴重である。昨今の教育現場で課題とされる総合学習に、これ以上の良質の材料が他にどれほど得られるであろうか。

ただ、語り部という手段は、県下の小学校、中学校に限っても、学校の数・児童生徒の数に対して、語り部の方々の人手と時間は少なすぎてどうしても限界がある。

ここで、水俣の例に学ぶことにしよう。

『水俣の赤い海』

少年向けドキュメンタリーシリーズの原田正純『水俣の赤い海』は、すばらしい本である。限られたページの中に、水俣病を抱えた、あるいはこの問題に引きずり込まれ関わった人たちの、大切な問題をすくい取り、的確にして、美しくやさしい言葉で綴られている。問題を外からではなく、内側から、あるいはごく傍らから心の動きも含めて描き出され、その生命力のみなぎった言葉の力は、読む者の心をしっかりとらえて離さない。

なかでも、次の一節は、言葉による表現の見事な達成を端的に示している。

四年のちに、ふじ子は、ずっと植物人間のままであの世に行ってしまいました。ふじ子は大学病院で解ぼうされて、五年ぶりにあの海の見えるまどのある、坪谷の自分の家に、帰ってくることができたのです。

このころ、奇病の原因は、工場から流れでた有機水銀が海をよごし、それが魚や貝の中にたまり、それを食べたネコや人間が中毒をおこして、奇病になることがわかったのです。でも、人びとの「奇病はうつる」といううわさは、なかなか消えませんでした。

人目をさけるように、鹿児島本線の線路づたいの近道を、ひっそりと静かに大学病院から帰ってきたのです。

ふじ子をせおって歩く中田夫婦のすがたは、水俣湾の赤い光の中でかげのようでした。そのかげは静かに坪谷にすいこまれてしまい、あとしばらく、水俣湾は赤くかがやき、やがて暗くなっていきました。(四二ページ)

赤の鮮烈なイメージは、時に生命を連想させ、時に残酷で悲惨な世界と繋がり、また悲しく切なく響く。その象徴ともいえる水俣湾の赤い夕陽に、そこに暮らす人々の人間模様のいっさいが言い尽くされている。

また、子どもの目線で語る水俣病は、大人が気づかない心の傷をも浮き彫りにしてくれる。

あとに残った姉ちゃんや兄ちゃんたちも、たいへん苦労しました。（略）家が貧しくなり、ときには、べんとうを持っていけない日もありました。ズックも破け、洋服もほころび、ボタンもとれたままでした。「あのとき、先生がたが、この子どもたちはどうして毎日ちこくするのだろうと、ちょっと気をつかってもらえとたならなあ」と、おばさんは少しくやむのです。

ガキ大将に「奇病がうつる。あっち行け」と、つばをはきかけられて追い払われたとき、兄ちゃんはくやしくて「学校なんか行くもんか」と思いました。でも、しずみこんであまり口をきかなくなった父親を見ると、子どもたちは、なにもいいだせなかったのです。

（三五ページ）

子どもたちの人間関係もおだやかでなかったことは想像に難くない。しかし、それが経験として具体的に語られるとき、はじめて理解の行き届くことも少なくないのだ。

中学ではスカートをはくのが、きまりになっていました。しのぶにとってスカートをはくと、すそがもつれて、ひっかかりそうになり、歩くのがたいへんです。それに、スカートだと、冬は足もとが寒いし、かぜのひきやすいしのぶには困ったことでした。とくに、生理のときがたいへん困ったことになります。それで、しのぶのお母さんは、学校に「冬だけでも、せめて生理のときだけでも、ズボンをはかせてもらえないでしょうか」とたのんだのですが、校則だからということで、みとめてもらえませんでした。
しのぶは、小学校のときのようには、喜んで学校に行かなくなってしまいました。

（七二ページ）

思春期を迎えた少女の心をどれほど傷つけたか、この一つのエピソードからもさまざまな問題を考えさせてくれるだろう。

さらには、生まれつき水俣病を患う運命を背負った胎児性水俣病の子どもたちの、前向きに真摯に、たくましく生きてゆく場面も見逃せない。

心を通わせ、美しいものを愛で、恋をし、けんかもして、自分たちの生き甲斐をさがしてゆく、その姿に読む者はみな心の琴線を振るわせるのであろう。

海を渡って国際環境会議に出席した、浜元二徳さんとしのぶとそのお母さんの感動的な話、言葉が不自由であっても好きな歌手やタレントの〈話〉を通わすことのできる千代と友子とみつ子、村の古老の教えを貪欲に吸収し驚くほど知識が豊かな達也、また松下正明の片思い、みんなで力をあわせてチャリティの「石川さゆりショー」を企画・実行し、成功をおさめたこと、日本全国を行脚して「水俣を伝える旅」にでたこと、さらには、自分たちの仕事を何とかして見つけようと和紙作りにはげむ様子。

苦悩に喘ぎながらも、それに屈せずに強靭な精神力で乗り越えようとするその姿から、実に学ぶことは多い。本当の意味での「生きる力」をそなえる、そのお手本がきちんと示されているのである。

子どもに語り伝えるために、絵本も手助けをしてくれる。『苦海浄土』の石牟礼道子の文、「原爆の図」や『ひろしまのピカ』で著名な丸木俊《とし》・位里《いり》の絵による『みなまた海のこえ』（小峰書店、一九八二年）は、絵も文も水俣を描き出すのにもっともふさわしい人を得て、絵本でしか表せない世界を現出している。

しゅうりりえんえん
しゅうりりえんえん

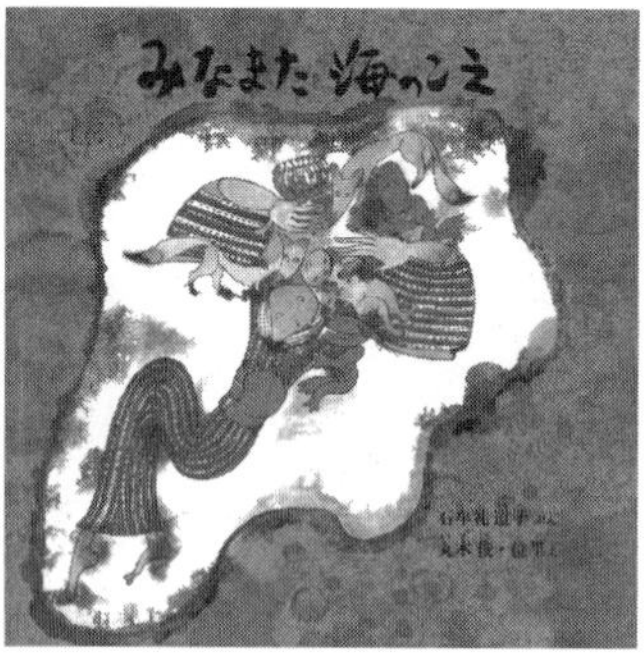

『みなまた海のこえ』

わたいはおぎん　きつねのおぎん
しゅり神山のおつかい　おぎん

この話のはじまりである。神と人間と自然の三つの世界をつなげ、水俣の悲しいできごとを語るきつねの「おぎん」が登場する。人ではなく、きつねを「わたい」と一人称にして主人公に仕立てていることで、人間世界にとどまらず、自然のより広い視野で水俣問題を語る視点を獲得していると言える。被害者は人間だけではないのだ、そこに住み宿る、すべての〈生きとし生けるもの〉の魂に訴える物語がここに誕生することになる。

しゅり神山から　あそびにでれば
大まわりの塘は　春の海
むこうの島じま　こっちの岸べに　菜のはな照れば
さくら色した鯛たちが
ごよごよきらきら　やってくる

車えび　わたりがね　とんきゅいか　もんこいか
足長だこ　花だこ　とらふぐ　よめが笠
こぐるま貝　ほたて貝　月日貝　あわびに　さざえに
うに　すここべ　なまこに　あなごに　ええがっちょ
かぞえあげればきりがない

海のものらが　あっちゆきこっちゆき
おぎんとおちゃらも　あっちゆきこっちゆき
波の下には七色じゅうたん　海の草
れんげの色の空じゃった

解説「絵本にそえて」で石牟礼自身が、「不知火海の渚を廻ってみれば魚や貝たちだけでなく、潮を吸って生きている樹々や葦の類に、わたしは心うたれます。そのような樹や草の姿は遠い昔、わたしたちが海から生まれた生命であることを思わせます」と述べているように、この海の世界の描写は石牟礼道子という作家の本領がもっとも発揮されている表現といえる。『苦海浄土』の次の箇所も、これと等価の表現である。

海の中にも名所のあったとばい。「茶碗が鼻」に「はだか瀬」に「くろの瀬戸」「ししの島」。

ぐるっとまわればうちたちのなれた鼻でも、夏に入りかけの海は磯の香りのむんむんする。会社の匂いとはちがうばい。

海の水も流れよる。ふじ壺じゃの、いそぎんちゃくじゃの、海松じゃの、水のそろそろと流れてゆく先ざきに、いっぱい花をつけてゆれよるるよ。

わけても魚どんがうつくしか。いそぎんちゃくは菊の花の満開のごたる。海松は海の中の崖のとっかかりに、枝ぶりのよかとの段々をつくっとる。

ひじきは雪やなぎの花の枝のごとしとる。藻は竹の林のごたる。

海の底の景色も陸の上とおんなじに、春も秋も夏も冬もあっとばい。うちゃ、きっと海の底には龍宮のあるとおもうとる。

その美しさは、「生きとし生けるものが照応し交感していた世界」のものであり、「ひたすら近代への上昇をめざして来た知識人の所産であるわが近代文学が、うち捨ててかえりみなかったもの」と評される描写である。これほど海の中の生き物の世界を人間世界と同じ感覚で見事に描写する作品は、たしかに他に例を見ないものである。

しゅうりりえんえん　思いだす
ちよちゃんのさびしいお葬式　病人ばかりでひょろひょろと
黒い旗がいっぽん　ごはんがいちぜん
赤いひがん花が　野原にえんえんえん
ちよちゃんは　もう仏さま

きつねのわたいも
死んだおちゃらの魂を　白いれんげのような鳥にして
ちよちゃんの小うまいお棺の上に　とまらせて
ちよちゃんと　きつねの子のお葬式

おちゃらも　ちよちゃんとおんなじ毒で死んだから「ちよちゃん」は、この世に生を受けてすぐに、有機水銀の毒にやられて死んでしまった。かすかな泣き声だけ残して、しゃべることなく、苦しみを訴えることもなくこの世を去ったのだ。「赤いひがん花」は、真の苦悩のシンボルである。

本当に苦悩の深いものほど、しゃべらずに、空の奥に赤い花のように咲いているだけだと石牟礼道子は言う。「しゅうりりえんえん」は、そんな花の祈りが音楽になる寸前の言葉だと、そう告げるのである。

しゅうりりえんえん
しゅうりりえんえん　陽のひかり
けだかい空を　おがんでおれば
天と海とをつないで
ひかりの滝がぼうぼうのぼる
しずかにのぼる
ひろい海には　うたせの舟が
一そう　二そう　五そう　八そう

ゆっくりゆっくり
陽いさまの真下にちかづけば
ひかりでできた　天の滝

舟たちはそこにきて　帆をひろげる
白いおおきい鳥のように　舟がのぼる
ひかりの滝を　りんりんのぼる

しゅうりりえんえん　空からきこえる
ちゃーらら　らーら
ひかりの奥の舟の上から　ちゃーらら　らーら
ひがん花　ひがん花
しゅうりり　えんえん

人も、カラスも、きつねも、……水俣病のために死んでいったすべての生き物たちへのレクイエムであると同時に、その生命の甦りを祈願するフレーズで静かにこの物語をしめくくる。丸木俊と位里による絵が、石牟礼の言葉とあわせて見事に調和している。現実の過酷さ、むごさを、幻想的なタッチで、しかも力強く、深い色合いで描き出しているのである。どちらかがなくても成り立たない、そのような緊張感漲った結晶が、この絵本に実現していると言えよう。人と、動物、魚や貝、それから神々、妖怪、海や山や空の自然の姿、これらいっさいを差別しないで描き出すことに成功しているのは、石牟礼の文章だけでなく、丸木俊と位里の絵も同じである。

大人には感じ取ることのもはや難しい、子ども特有の感受性をもってすれば、また異なった〈四日市学〉の視点を発見できるかもしれない。その意味で、絵本や少年向けドキュメンタリーを、総合学習の場などで教材として活用することにより、教師も気づきえない、また、研究者にもかなわない、次世代の新たな〈四日市学〉の展開が期待される。

こういった環境問題を考えるのに役立つ言葉の作品を「環境文学」と呼ぶことが許されるのならば、その作品を教育の現場に提示することで、これまでの、国語・算数・理科・社会のどれにも押し込めることのできない課題を「総合学習」として扱う意義も見えてくるように思うのである。

企業従業員からみた四日市公害

円城寺英夫

東京の下町で生まれ育って箱根の山を越え、三菱油化四日市工場に赴任したのが一九六二（昭和三十七）年四月十日でした。当時は近鉄四日市～名古屋間は片道九十円、大卒初任給一万八千六百円の時代でした。以来四十二年余が経ちました。これは明治時代と同じくらいの時の長さです。

赴任してすぐに四日市工場の北西一・五キロにある改造アパートの独身寮に入りました。部屋は六畳一間で、同期生と二人で住むことになりました。二カ月の工場実習期間には、身体にも少し変化がありました。足指に水虫が発生したこと、鼻毛の伸びが早くなったこと、息をするとき時々少しぜいぜいする感じがすること、などでした。実習中に息の話をしたら、工場の偉いさんに、「それはビタミン不足のせいだ」と言われたのも覚えています。しかし、しばらくたつと、息のことはまったく気にならなくなりました。亜硫酸ガスが原因とも思われますが、独身寮の五年間、夏になると開いた窓から工場方向の南東の風をまともに受けていたのに、異常はありませんでした。工場には磯津・塩浜地区出身の数多くの若者がおり、元気に働いていました。あとから触れるように、このような事情も公害に対する認識の甘さの背景にもなったのでしょう。

その一方、四日市地区で大気汚染の公害問題が表面化したのは一九五九年ごろであり、すでに市は四日市公害対策委員会を設置していました。しかし、当時は筆者の周辺では公害問題についてほとんど話題にものぼりませんでした。六七年からはじまった公害裁判も、技術開発部門にいた私にとっては関心がなかったのも事実でした。高度成長時代の真ん中にあり、三井・住友などのライバル企業に負けまいとして品質・コストの競争力にしのぎを削っており、私に限らず、会社の命運の一部を担っているんだという、（今から考えれば）それこそ了見の狭いうぬぼれもあったような気もします。

七二年七月二十四日の第一審判決の当日は、全国から集まった原告支援者たちが工場へ入り込むかもしれないとの警戒から、若手従業員に招集がかかりました。私（当時柔道二段）にも声がかかりました。いざという時に備えてヘルメットをかぶり木刀をバンドの内側に挿して、夜中に自転車で工場周辺をパトロールしたのを覚えています。当時でも滑稽な姿です。

判決の翌日、会社の黒川社長は判決を受け入れ控訴しない方針を打ち出しました。それでも私には、この方針をよく決心したなあ、という感慨はあまり浮かんではこなかったような気がします。やはり、従業員の平均からすれば公害の実態に対する認識が薄かったというのは確かだったでしょう。判決の賠償額も思いのほか低かったのも、会社の決心や認識の薄さの原因でもあり、結果でもあったと思われます。

社史によれば七〇年から八二年までの環境保全投資額は四百億円弱にも達しています。排煙脱硫装置には二百億円以上をかけて七五年と八二年に各一基建設しています。公共経済学の用語を使えば、この設備投資は「外部不経済」（外部費用）の内部（費用）化ということになるのでしょうが、あとから振り返っても特に経営に負担を与えたようには見えませんでした。その間、四日市の大気中の亜硫酸ガス濃度はどんどん下がっていきました。外部からのお客や見学者などには「古都鎌倉並みであります」と、よく言っていました。

排煙脱硫装置では、亜硫酸ガスが石灰分と反応して灰褐色の石膏（β二水石膏）が産出します。同僚の研究者が部下と共にその石膏の高付加価値化の研究を始めました。まず純白の石膏を生産できるようにして、建材などの原料として価値を上げました。その同僚は大学教授となり退社しましたが、その志を継いで私は同僚の部下と共に、さらに価値の高いα石膏の製造を目指しました。同僚に鍛えられた部下の超人的粘りもあって、自社開発技術と数億円の設備投資により製造装置を完成し出荷にこぎつけました。立ち上りは不良品が頻発して、NHKの「プロジェクトX」でよく見られるほどではありませんが、追い詰められた経験もしました。それも今ではこころよい思い出にもなっています。

その後二十余年が経ちましたが、当時の石油化学の工場は様変わりです。基幹設備のエチレンプラントは停止し、工場全体の稼働率は大きく低下して、排煙脱硫装置からの石膏生産も停止しました。多くのプラントが停止して撤去もままならない時期もあり、ゴーストタウンさながらでしたが、最近になり撤去が進み、更地には外部の会社も誘致してエコタウン構想の下、リサイクル事業も含め新しい産業集積を目指しているとのことです。四十二余年の長さを感じます。

（三重大学客員教授）

第4章

文明と環境

――人間と調和する科学技術のために

妹尾允史

文明の進展と人々の生活環境の変化、それに伴う軋轢と混乱・困惑は、人類の誕生以来さまざまな形態と周期で、絶え間なく繰り返されてきたことである。身近なところで見てみると、戦後日本の経済優先の高度成長過程で、悲惨な大気汚染を経験した四日市公害の問題も例外ではない。また、経済の発展による物質的な豊かさが進むにつれて、個人の生活と社会システムとの間のひずみも顕著になってきている。それらを解決するなかで人々の希求する「豊かな生活」という意味も問い直されてきており、そのための科学技術、あるいは持続可能な社会のあり方も大きく変わる必要があるように思われる。

本章では、学際的・総合環境科学としての「四日市学」の一つの側面として、文明の進展、人間の感性、広い意味の人工環境、創造的な科学技術、および持続可能な調和社会などについて新しいパラダイム（妹尾允史「工業教育における創造性開発と感性理工学」、「東京理科大学・科学教養誌」、第一五巻第五号、三二一～三二六ページ、一九九八年）で考察する。とくに、二十世紀初頭に近代科学の一分野として誕生した量子科学は、一九八〇年代に近代科学の基本的な考え方そのものに影響を与えるほど、大きな発展をとげ、理系だけでなく文系の分野にも活用されようとしている。あらゆる分野に影響する総合学問のパラダイムシフトを考察するうえで欠かせないツールになりつつあるので、これについてもその本質をできるだけやさしく解説する。

1　文明と科学技術の進展

いま、私たちは、ＩＴ（情報技術）とかバイオ（生物・生命科学）、あるいはナノテクノロジー（微細構造技術）と呼ばれる科学技術の爛熟した頂点を迎えて、限りない欲望に支えられた経済的繁栄と日常生活の利便性を享受している。しかし、その一方で、急激な進歩がもたらした地球規模の環境汚染と、あまりにも客観的な合理主義に過ぎて多様な人間性を疎外する、という大変難しい問題に直面している。二十一世紀初頭に私たちは、このような科学技術と精神文化の越えがたい乖離を招いて困惑し、世界中で政治・経済・哲学・科学・技術・芸術・教育・医療などすべての分野で、さらには私たちの生き方・ライフスタイルまで含めて、第二のルネッサンスとも呼ぶべき大きな変革を模索しているといっても言い過ぎではない。

今から十年ほど前の一九九五年に、東京・青山の国連大学に世界中から著名な学者が集まり、「科学と精神文化の収斂」というテーマで国際会議が開かれた。このときに出された東京宣言では、多様性の中で統一的な自然認識の手段としての新しい量子科学の重要性が強調されたが、最後に「我々のメッセージは、自然の中の人類存在の未来について強力な全一的（ホーリスティック）ビジョンを持つ大乗仏教の概念を反映したものである」と結ばれている（「科学と文化の対話――知の収斂」〔ユネスコ・国連大学シンポジウム〕服部英二監修、麗澤大学出版会、一九九九年）。宗教も文化も民族も異なる世界中から集まった人たちの共通認識として、一宗教である大乗仏教の名前が挙げられているのは大変興味深いことである。それほどまでに、キリスト教から出発したニュートン物理学を中心とする近代科学に根元的な変革の必要性を感じているということかもしれない。

本論に入る前に、自然の環境と人為的な環境の関わりを考えるうえで、科学技術の客観性ということと、人々の主観性あるいは人間の自由意志による行動原理との関係を明確にするために、人間の感性について触れておきたい。

私たちが感性と呼んでいるものは、なかなか掴み所が難しいものであるが、さまざまな感受性による全体的な「心の働き」ということにすると、この感受性は大きく二つの部分に分けることができる。というよりも現在の科学では二つに分けて考えていると言った方がよいかもしれない。第一は視覚、聴覚、臭覚、味覚、触覚の五感の働き、つまり「認知的感受性」と呼ばれているものであり、比較的に科学で理解しやすいと思われているものである。しかし、後で述べるようになかなか一筋縄ではいかない。第二はこれらを通して得られる人間の主観的な感情と思考にもとづくもので、個人の好き嫌い、あるいは少し社会的な客観性をもった美しいとか、善いとかという意識のことであり、「情動的感受性」と呼ばれている。大乗仏教の経典・般若心経では、この二つの感受性をまとめて六境、六根、六識として扱い、五感の他に意識とか心・魂が第六番目に加えられている。

このような、見る、聞く、臭う、味わう、触る、という感覚、およびこれらを複合して生まれる痛い、痒い、楽しい、欲しい、悩ましい、などという意識はまったく主観的個人的なものである。したがって、他人には見えるはず、聞こえるはず、……、痛いはず、楽しいはず、などとしか理解できない。お母さん方が登校拒否の子どもの仮病をなかなか見破れないわけである。また、逆に本当に病気であっても訴えてくれなければ見落とすことも多い。

環境問題を考えるうえでも、主観にもとづく価値判断は私たちの個人的なライフスタイルとして極めて重要なことであるが、残念ながら現状では客観性をもたなければ社会的なアセスメントの議論になりにくいものである。たとえば、あるバイオ資源のリサイクル利用について考えると、人工環境の下でエネルギーを大量に消費しながらも短期間に効率よく進めるのがよいのか、あるいは長時間かけて非効率的ではあるが自然環境の修復機能に期待するほうがよいのかについて、客観的なアセスメントは不可能であろう。強いて言えば主観の共通認識でしか対応できないかもしれない。ライフサイクルアセスメント（LCA）と呼ばれる評価手法もあるが、当然のことながら何を重要と考えるかによって評価の結果が異なる。

　現在の科学技術が客観的な自然認識を体系化した近代科学にその基礎を置いていることはもちろんであるが、この近代科学はキリスト教の教える「神の創られた自然」を解読するという作業から始まり、ルネッサンスを経て完成したものである。十七世紀のフランスの数学者・哲学者として知られるデカルトは、極めて明解に認識できるものだけが真の実在であり、一切の自然現象は物質的条件と因果関係によってのみ機械論的に説明できるとして、主観的な意識を対象とする精神的世界と客観的な自然科学の対象となる物質的世界を分離して考えようとする二元論を提唱した。

　これによって、ニュートン力学を中心とする近代科学は客観的実証主義という指導原理を得て飛躍的に発展し、技術の基礎として産業革命を引き起こすほどの大きな成果を上げたわけである。このときの印象が極めて強烈であったために、技術全体を科学技術とひとまとめにして呼ぶようになったと思われるが、科学と技術はそれぞれ独立した別々の体系に属するものである。科学技術は科学的認識にもとづいた論理による技術であり、技術全体の中の一部である。これについては3節で詳しく論じることにする。

　デカルトの物心二元論以来、人間の感性と自然科学は相対立する概念のように考えられがちであるが、本来人間の感性は自然の仕組みの認識（自然観・宇宙観）なしには成り立たないものである。したがって、現在の私たちの感性が数千年前のエジプトの文明以来、ギリシャ、ローマ時代を経て、ニュートン、デカルトの近代科学、現在の量子科学に至るまでのさまざまな自然観に支えられていることは疑いのないところである。

たとえば、現在の自然認識の主流である西欧近代科学がキリスト教の理念にもとづいていることを考えてみても、あるいは科学技術上の重要な発見・発展が個人的な直感に大きく依存していることでもわかるように、自然科学の論理自体、人々の主観にもとづくみずみずしい感性なしには発展しないものである。そこで人間の感性を最大限に尊重しながら新しい自然観・宇宙観を組み立て直し、それを科学技術の論理に適用して新しい持続可能な社会の価値観を創造することが極めて重要であろうと思われる。

このような観点から、デカルトが極めて明快に認識できるとする「見える世界」の近代科学、次節で詳しく述べる「見えない世界」の量子科学、および大乗仏教に代表される東洋思想の三つの自然観・宇宙観を簡単に比較対照して次ページの表1にまとめて示す。

近代科学は主観と客観を明確に分離し、決定論的な因果関係によって一義的な実証性を基本原理としている。これに対して量子科学は観測によって物事が決まるという主観の役割を認めながら、確率論的な因果関係で多様な世界を理解しようとするものである。東洋思想は精神的な側面で両方の科学の基本原理を統合するのに役立つように思われる。言い換えると、理性的な判断の

表1　自然観・宇宙観の比較対照

<table>
<tr><td colspan="2">近代科学
（見える世界の論理）</td><td colspan="2">量子科学
（見えない世界の論理）</td><td colspan="2">東洋思想
（大乗仏教の論理）</td></tr>
<tr><td colspan="2">客観性
（主客の分離）</td><td colspan="2">主観性
（観測の意味）</td><td colspan="2">主客の統合
（五蘊皆空）</td></tr>
<tr><td colspan="2">実証性
（見える世界の決定論）</td><td colspan="2">蓋然性
（見える世界の確率論）</td><td colspan="2">可能性の統合
（色即是空）</td></tr>
<tr><td colspan="2">一義性
（見える世界の因果律）</td><td colspan="2">多義性
（見えない世界の因果律）</td><td colspan="2">関係性の統合
（諸法空相）</td></tr>
<tr><td colspan="3">理性（ロゴス）
←←←←</td><td colspan="3">感性（パトス）
→→→→</td></tr>
</table>

極限が近代科学であり、東洋思想は人間の感性を主要なものとしている。量子科学の新しい分野として人間の脳の働きをホーリスティックに理解しようとする「量子脳力学」と呼ばれる領域が進んでおり、量子コンピューターの発展とも併せて近い将来には、理性と感性をある程度統合できるようになるかもしれない。

私たちは現在の科学技術のあまりにも一面的で均一な、経済至上主義の価値観と性急な発展をまのあたりにして、地球規模の環境汚染、人間性の疎外などのような末法思想的な印象を受けるわけであるが、このような文明の破局と新しい展開は数千年前から繰り返し経験している。

たとえば、古代においても辰砂鉱山での水銀中毒、青銅器の利用による砒素中毒などの環境汚染が問題にされ、むやみな森林の伐採から自然環境を護るための森番の設置が神話の中に語られ、あるいは集団的な武力による他部族の侵略・征服に対する宗教的な戒律を発想するなど、文明の発展に伴う否定的な

表2　人類の文明史の文脈の中での人間の行動様式と価値観

【武力】 生存文明 (有史以来〜)	猛獣等からの防御と秩序による平穏な暮らしの保証、 共同体の形成、職能分担と階級制度、財貨の備蓄 →(征服欲)→→大量虐殺・集団のエゴ
【宗教】 精神文明 (BC5世紀〜)	自由・平等・慈悲の精神による魂のよりどころ 個人の死生観(生きざま)の重視と神仏への帰依 →(名誉欲)→→神秘主義・権威主義
【科学】 物質文明 (15世紀〜)	第1のルネッサンス(神からの解放)=産業革命 客観的実証主義と因果的決定論の科学による 貧困・苦役からの解放と莫大な経済効果 →(金銭欲)→→地球規模環境汚染・人間性疎外
【量子科学】 共感文明 (21世紀〜)	第2のルネッサンス(金からの解放)=知識革命 見えない世界の因果関係と重ね合わせ・縁誕具留 精神と物質(主観と客観)の統合による人間性復権 競争社会から協創社会へ、個人・社会・自然の調和 →(自己実現欲)→→???

側面をその都度その都度、人々の英知で何とか克服してきたわけである。「近ごろの若い者は目先のことばかりで、将来のことをどう考えているのか理解できない」などという言葉はギリシャ時代のソクラテスも漏らしていたらしいので、文化・文明の将来に対する不透明感・不安感は人類の誕生以来変わらず、永遠に続くものだろう。

このような人類の文化・文明と呼ばれているものの数千年の歴史を人間の主要な行動様式と価値観という観点であらっぽく分類して眺めて見ると、表2に示すような図式ができあがる。

初めは野獣・猛禽類などの襲撃から人々の平穏な暮らしを護るための【武力】に始まったわけだが、結局のところ集団のエゴ・大量虐殺に至り、これに対する反省から自由・平等・慈悲の精神で個人の死生観を大事にする【宗教】が芽生えてきたように思う。その後の宗教的世界観のあまりの神秘主義・権威主義に呆れて当惑し、十七世紀のヨーロッパに端を発した現在の客観的実証主義にもとづく【科学】に至っている。

とくに近代科学を中心とする現在の先端技術は、巨大な現世利益を生み出してわれわれの生活・文化に多大な貢献をしてきたことは間違いない。しかし、「見える世界」の経済的合理性に支えられた物質的欲望（ホモエコノミカス）は留まるところを知らず、地球規模の環境汚染と人間性の疎外を招いて現在に至っている。これをどのように解決するかが二十一世紀の大きな課題であり、総合環境科学としての「四日市学」のめざすものだろう。その一つの解は「見えない世界」の論理による【量子科学】の視点で、精神と物質の統合による人間性の復権と個人・社会・自然の調和を求める「共感文明」とでも呼ぶべき新しい価値観（ホモクォンタミカス）を探ることではないだろうか。

私たちは最先端の科学技術、とくにナノテクノロジーに代表される先端技術によって確かに経済的には豊かになり、携帯電話とかインターネットによって生活も大変便利にはなった。しかし、何かもう一つ楽しくないし、精神的な豊かさが実感できない部分も数多くある。表面的には生活にゆとりができているはずなのであるが、精神的には落ちつかなくて妙に気ぜわしいのである。ひとつには猛烈な威力を発揮するハイテクの中身、あるいは人間社会の中での正当な位置づけがよくわからないことによる恐怖心もあり、対抗意識でオカルト現象に興味を抱くこともしばしばである。現在のハイテクの成果だけでは満たすことのできない心の飢えといらだちを抱き、本当の生きがいをハイテクとは別のところで模索するようにもなってきている。

たとえば、中世の宗教音楽グレゴリオ聖歌とか仏教の声明、あるいは山野の草木とか野鳥に興味を持つ人が増えてきたり、日常的な生活でもスローライフ、スローフードにあこがれを示している。人々があえて目先の経済効率とか競争の勝ち負けを無視しても、自然環境との調和を求め、心のやすらぎを望んでいる証拠かもしれない。今こそいわゆるハイテクと競争社会の正体を暴き出して、文明の新しい展開（おそらく人材も含めた資源循環型で調和のある持続可能な社会）に対処できるように、人々の広範な英知を結集するときである。

2　量子科学とは何か――見える世界と見えない世界

私たちの住んでいる宇宙を構成している基本的な力（相互作用力）は、地球と太陽のような重い物の間で働く「重力」、電気を帯びた物の間で働く「電磁力」、それに原子核の中で働いている

「強い力」と「弱い力」のわずか四つであると考えられている。ユニークな物理学の講義で知られるアメリカのノーベル賞物理学者ファインマンが、啓蒙書（『光と物質のふしぎな理論』R・P・ファインマン著、釜江常好／大貫昌子訳、岩波書店、一九八七年）で述べているように、天体の運行などの超巨大な重力現象と超微細な原子核の中で起こる反応を除けば、私たちが普通に出会う地球上のほとんどすべての自然現象（原理的には人間の生活・行動様式など生命現象まで含めて）は、電磁力、つまり光（電磁波）と電子（物質）のふるまいによって説明できるはずである。

もちろん普通の物質を構成している原子は電子と原子核でできているが、原子核の大きさは電子が運動している軌道の一万分の一以下であるから、体積では一兆分の一以下になる。したがって、私たちの周りの物質は真空と同じで、中身はほとんど雲のようになっている電子だけである。それにもかかわらず、私たちの住んでいる地球が重力（引力）で潰れないのは、電子の間に働いているパウリの排他律と呼ばれる量子効果のおかげということになる。このような光と電子を操ってあらゆる自然現象を理解し、活用しようとする概念をマリオニクスと呼んでいる。この自然現象、自然の摂理を理解するツールが次に述べる量子科学である。

光とか電子のようなミクロな粒子のふるまいを統一的に説明しようとする努力は二十世紀初頭に始まった。当時、光は屈折したり、干渉を起こす波動であると考えられ、発見されたばかりの電子は質量を持つ粒子であると思われていた。しかし、実験を進めるにつれて、光も電子と同じように粒子であり、電子もまた光と同じように波動としての性質を示すことがわかってきた。このように同じ一つのものが観測の仕方によってまったく異なる別の性質を示すということは、これまでのニュートン物理学（近代科学＝古典力学）に慣れ親しんでいる私たちの常識では理解できない極めて重大な矛盾であった。たとえば、二次元である面から見れば四角形であり、別の面から見ると円形であるという場合、三次元構造の円筒形を想定すれば理解がつくが、粒子性と波動性の両方を示す物体というのは、どうしても理解のつかない事柄であった。

このようななかで、産業革命まっただなかの製鉄業が盛んなころ、溶鉱炉の温度を正確に決めたいというニーズから、一つの奇妙な学問が生まれた。鉄の温度を上げてゆくと、赤く光り始め、温度が高くなるにつれて明るく、青白い光を発するようになる。この現象を説明するためにプランクという物理学者がびっくりするほど単純で無分別とも思える仮説を立てたのが始まりである。

それまで光の波動は、その振動数が高くなるにつれて赤い色から青色、紫色と変化するということは知られており、実験でも十分に確認されていたことである。しかし、彼は高温で輝く光はその振動数に比例するエネルギーの塊（粒子）を放出している、つまり波動であると同時に粒子であると考えた。量子論の誕生である。一九〇〇年十二月十四日のことだった。

その後、それまで理解できなかったさまざまな現象が、この仮説で説明できることが次々と明らかにされた。そして、一九二五年ごろまでに大勢の物理学者によって、その物理的内容と数学的形式が整えられて量子力学となったわけである。この新しい科学はいわゆる「近代科学の枠組みの中」で大成功を収め、原子力とかエレクトロニクスはもとより、バイオ、情報、ナノテクノロジー、エネルギー環境問題など、現在の最先端技術の基礎として、あらゆる分野で極めて重要な役割を果たしている。

しかし、後述するように、この量子科学には近代科学の常識では理解できない「観測問題」と呼ばれる極めて奇妙な論理が含まれていた。当初は量子科学が未熟なせいで生じたことであり、いずれデカルト流の近代科学で理解がつくものと考えられていたものである。その後、量子科学に関する最先端の実験技術が進むにつれ、一九八〇年代以降、むしろ「奇妙な論理」が実験的にも本当であり、前節の表1で示した近代科学の論理はさまざまな場面で破綻していることが明らかとなってきた。

さらに、この新しい論理を使って、量子コンピューター、量子暗号、量子通信などが発展してきている。この八〇年代以降の新しい量子科学こそがまさに近代科学のパラダイムシフトであり、環境問題を克服する調和社会実現のツールとなる。前述の量子脳力学をはじめ、量子生命現象、量子進化論、量子経済学など、あらゆる分野に浸透しはじめている。

このような矛盾する性質「粒子性と波動性」を一つの原理で説明するための新しい科学は、演繹的な合理性はともかくとして、観測することのできない物理的状態を表す波動関数Ψ（プサイ）を使って、以下に示す四つの原理的規則で成り立っている。

【量子科学の四つの原理的規則】

①見えない世界（あの世）の実在――量子粒子（光とか電子）の状態とそのふるまいは、原理的に直接観測することのできない空《くう》オンΨ（プサイ）で表される。空オンは波動のように振る舞う（重ね合わせ、干渉、波の分解・合成）が、その振幅の二乗はエネルギーではなく粒子の存在確率を表すことになる。

②見えない世界（あの世）のふるまい――量子粒子の運動エネルギーは波としての振動数（単位時間あたりの波の数）に比例し、運動量（質量×速度）は波数（単位長さ当たりの波の数）に比例する。このときの比例定数がプランク定数hである。この仮定によって空オンΨが従うべき波動方程式（微分方程式）が組み立てられ、これに従ってΨは連続的（微分可能）に変化する。

③見えない世界（あの世）から見える世界（この世）へ――量子粒子についての観測可能な物理量（位置とか運動量、エネルギーなど）を得るためには、空オンΨに特定の演算操作（微分とかベクトルの掛け算など、観測したい物理量に対応する操作）を行った後、空オンΨの複素共役（虚数軸の符号を変えたもの）Ψ*との積をつくる。この操作（物理量を観測することになる）によって空オンの状態は、観測された特定の状態に不連続な変化（量子飛躍）をする。

④見える世界（この世）のふるまい――一定の状態にある量子粒子の観測可能な物理量を測定したとしても、いつもそれが一定の値になるとは限らない。つまり、量子粒子の状態を確定的に予測することはできない。多数回の測定を繰り返すと、空オンΨの絶対値の二乗に比例する確率事象として結果を予測できる。

波動関数Ψは見えない物理量であるから、仏教でいう「あの世」の実在と考えると前節の表1で示したように、「五蘊皆空《ごうんかいくう》」あるいは「色即是空・空即是色」の表現が生きてくる。「五蘊」は「色・受・想・行・識」の五つの表象のことで、「この世」で観測可能な物理量である。そうすると観測にかからない波動関数Ψは「空」ということになるので、「空オンΨ」と呼ぶことにする。

この量子科学で最も重要で難解なΨ（一説にはギリシャ語のプシケ＝人間の魂・精神からこの文字を使ったといわれている）を波動関数（Wave Function）と呼んでしまうと、粒子性と波動性を対等に表現するにもかかわらず、一方的に波動に重点が置かれている印象が残るので、英語でも量子（quantum）を使って「quon Ψ」と表現することがある（『量子と実在――不確定性原理からベルの定理へ』ニック・ハーバード著、はやしはじめ訳、白揚社、一九九〇年）。

このように、古典力学（＝近代科学）は見える世界（この世）の論理で見える世界（この世）の現象を正確に確定的に予測することが目標となるのに対して、量子科学は見えない世界（あの世）の論理（空オン）で見える世界（この世）の現象（観測可能な物理量）を確率的に予測することが目標となる。この結果、古典力学ではどうしても説明できなかったミクロな自然現象を見事に説明できる理論になり、現在の先端技術の基礎として盤石の力を発揮している。今のところミクロからマクロまでどんな自然現象に適用してみても、結果的に間違いが見あたらず、連戦連勝の量子力学である。

しかし前にも触れたように、このような量子科学の根底にはデカルトの客観的実証主義に反するような、これまでの常識では理解できない量子観測問題と呼ばれる奇妙な論理がいくつか横たわっている。自然現象はそれを観測するか、しないかなどに関係なく、客観的に絶対的に存在するものと考えるのが普通であるが、量子的な物理状態は観測によって初めて決定されるとする考え方である。

量子科学をつくり上げた物理学者の一人、シュレーディンガーは、猫をたとえ話に使って、これを説明している。いま、箱の中に生きている猫を一匹入れてふたをする。その後、時間が経つと、ふたを開けて中を見るまで、猫は生きているか死んでいるかわからない。この「わからない」というのが普通なのであるが、量子力学では、猫は生きているか死んでいるか「決まらない」とするのである。あるいは半分死んで、半分生きている状態、つまり生きている状態と死んでいる状態の重ね合わせ状態であると考えるのである。これはシュレーディンガーの猫と呼ばれる有名なたとえ話である。

あまり厳密ではないが、ゴルフボールで説明してみよう。いま、ここに赤いボールと白いボールの二つがあるとする。これを箱の中に入れて見えないようにすると中のゴルフボールは二つとも同じ状態で、赤と白の重ね合わせ状態になっているということである。その後、ふたを開けて中を見ると、その瞬間に一つは赤になり、もう一つが白になると考えるのである。見た時にボールの色が「わかる」のではなくて、その瞬間に色が分かれて「決まる」のである。

つぎに、この箱のふたを開けないで二つに分け、一つずつボールが入るようにして一つを遠くに分離してしまう、としよう。中を見ないのだから、このときはまだ色は決まっていない。そこで手元の箱を開けて中を見たとすると、その瞬間に、こちらが赤であると決まれば、その時、相手のボールは白に決まるということである。これは奇妙な絡み合いという意味で英語でEntanglementと呼ばれている。このエンタングルは量子科学の中でもとびきり気味の悪い、奇妙な現象であるが、非常に重要な役割を果たしている。私は縁あって誕生したものは具のまま留どまるという意味で、漢字を使って、「縁誕具留」と書いてその重要性を強調している。

このような気味の悪い、奇妙なことは、量子科学が未熟なせいで、本当にはこのようなことは起こるはずがないと、長い間考えられていた。あのアインシュタインでさえ信用しなかったと言われている。しかし、二十年ほど前に光とか電子のようなミクロな物質で、このような奇妙なことを実験的に証明することができた。もちろん、まだ猫では無理であるが、今ではフラーレンと呼ばれる炭素原子六十個の大きさの分子でも実験に成功している。

いま、この奇妙な「重ね合わせ」と「エンタングル」の現象が、量子コンピューターとか量子通信に使われようとしている。普通のコンピューターは「0」か「1」の決まった数値で計算を進めていることは周知の通りだが、これを「0」にも「1」にも決まらない重ね合わせ状態で計算しようとするものである。もし、完成すれば、現在のスーパーコンピューターで一億年もかかる計算が、一秒間でできるといわれている。

人間の脳はよくコンピューターにたとえられるが、私たちの脳の中には千億個のニューロンと呼ばれる細胞があることが知られている。もし、普通のコンピューターのように、このニューロンで「0」と「1」を確定しながら計算しているとすると、百ギガビットのスーパーコンピューターと同程度のはずである。しかし、私たちの脳はある種の問題解決ではスーパーコンピューターなど、足元にも及ばないようなすばらしい能力を発揮している。量子コンピューターとして働いているのかもしれない。

このように考えてくると、人間の感性とか行動原理は量子科学で理解が可能になるのではないかという期待が高まってくる。確かに私たちは好きとも嫌いとも決めかねるような状況にしばしば出くわすことがある。このとき賢明な私たちは好きと嫌いの両方の可能性を残しながら、重ね合わせ状態で行動するわけである。そして、最後に観測という主観で決断を下すということになるはずである。また、一期一会という言葉もあるように、私たちは何かの縁というものを大事にしながら判断する。「縁誕具留」だと考えると興味深い。

したがって、十七世紀のデカルト以来続いてきた「もの」とか「出来事」に対する自然認識について、私たちの科学的な常識の方を少し変える必要がでてくる。つまり、前節の表1で示したように従来の古典力学の指導原理は、自然現象はその見方（主観）に依存することはないという真理の「客観性」と、一定の条件さえ整えば繰り返し実現できる「実証性」、それに原因と結果の間に一対一の対応がつく「一義性」ということであった。しかし、量子科学の考え方の特徴は、一つの自然現象でも見方（主観）によってさまざまに変化するという真理の「主観性」と、条件が同じであっても実現する事柄は確率的であるという「蓋然性」、それに原因と結果の関係は観測の仕方によるとする「多義性」を重視するということである。冒頭に述べた「科学と精神文化の収斂」をめざした第二のルネッサンスとも呼ぶべき大変革のトリガーになるものと思われる。

量子科学は光とか電子などのミクロな世界だけでなく、生命現象・社会現象に拡がる量子進化論、あるいは政治・経済に応用される量子ゲーム理論など、人文科学、社会科学にも大きな影響を与え始めており、持続可能な次世代の環境社会をめざして智をリードする文理融合型の新しい総合学問として大きな期待がかけられている。

3　環境と調和する科学技術――感性の役割

前節では新しい量子科学の概要について説明したが、現在の科学技術はもちろん客観的な自然認識を体系化した近代科学にその基礎がある。しかし、１節で触れたように科学と技術はそれぞれ独立した別々の体系に属するものである。科学技術は科学的認識にもとづいた論理による技術であり、技術全体の中の一部である。もともと技術開発の目標は多くの人々の多様な生活の中から生まれた社会的ニーズの結果であり、客観的な自然現象として携帯電話や自動車・飛行機が現れてきたわけではない。シビルエンジニアリング（民生技術）という言葉は今では土木建設技術だけに限定されて使われているが、古くから治山・治水は国の始まりと言われるように、政治・経済・哲学・宗教・科学など人々のあらゆる英知を結集した総合技術であり、今でも科学技術の目標としての基本理念を表現しているように思われる。

純粋な学問と対比させる意味で技術史家の星野芳郎氏は、技術の本質は「自然の法則性の意識的な適用である」と見事に喝破している。この法則性は客観的な実証主義を旗印とする近代科学の論理だけではないはずである。また、意識的な適用ということを考えると社会・文化の動向と密接に関連しており、人間の感性にもとづく意志が強く働くことになる。したがって、技術開発は先進国の物まねではなく、その国、その地方の歴史・文化を背景とした技術者の研ぎ澄まされた感性による主体的な判断が重要である。

技術にとっての科学は自然の法則性を理解するための手段の一つであり、このほかにも自然の法則性を理解する手段は古くから文化・文明として知られているものの中にさまざまな形で残っている。数千年前のエジプトや中国の文化や歴史、あるいは日本でも千年以上前の奈良・平安から江戸時代に至る工芸文化の中にも伝統技術として立派に先端技術と呼んでよいものがたくさんある。

つまり、技術の原点は人間の自然認識と行動原理であり、哲学、文学、倫理学、あるいは宗教や人々の願望までもがその基礎となって技術の方向が定まるはずである。人々にとって望ましい創造的な技術の発展のためには、異文化あるいは異分野との積極的な交流・接触が極めて重要である。これによって、感性豊かな技術を育てることができるように思われる。二十世紀の初めに百年後の先端技術に対する未来予測がなされているが、それによると専門の科学者・技術者よりも一般の文化人・ジャーナリストのほうが的確な評価ができていたという事実が、このような技術の本質をよく示しているように思う。

広い意味で技能を含めた技術を考えてみると、自然科学のような学問体系によるだけでなく、五感で体得したもの、直感で創出したものなど、あらゆる自然法則・自然の摂理を意識的に適用して目的の「もの」をつくり出すことが技術である。独創的な技術のためには技術者（職人）個人の作業マニュアルとでも呼ぶべき独自の規範が必要となるが、これは通常は技術者（職人）固有のものであって、個人の感性にもとづく主観的なものである。したがって、腕の良い職人、センスの優れた技術者が現れても、技術を普遍的に継承・発展させることができないことになる。そこで作業マニュアルを構成するために必要な要素を客観的な知識の形で抽出し、数学的な形式を整えながら普遍的な学問として体系化したものが工学であろう。この作業マニュアルを構成するための要素知識として物理を中心とする自然科学が活用され、それぞれ機械工学、電気工学、材料工学などの工学領域ごとに使いやすい自然法則の形が整えられたわけである。

一方、十八世紀のフランスで科学技術の啓蒙運動が盛んなころ、ディドロは技術の作業マニュアルそのものを伝承・発展させることを考え、職人の動作、作業工程、装置の分解図、機械の部品や道具類まで細密画として描写した百科全書をまとめあげている。職人の感性にもとづく主観的な作業マニュアルを体系化しようとする試みとして興味深いものである。日常生活の中での衣食住をはじめ、音楽、絵画、スポーツ、文化環境・都市環境アメニティなど周辺環境と調和する技術を体系化するときの一例になるかもしれない。ただし、独創的な仕事をするための作業マニュアルの具体的な中身そのものは、あくまでも個人に属するものであり、普遍的なマニュアルに頼ることはできないということに注意する必要がある。

最近ますます細分化されつつある前述の領域工学を統一的に体系化する方法の一つとして、吉川弘之氏、中島尚正氏らによって人工物工学の概念が提案されている（「精密工学会誌」〈特集―人工物工学の展開〉、第六一巻、第四号、一九九五年）。これはすべての領域工学に共通な手法を体系化しようとするものであり、おのおのの領域における作業規範から「もの」づくりの目的に応じた要素を抽出して仮説を形成し、これらを学問の体系にまとめることを目標としている。つまり、ディドロの百科全書を学問の形態に高める意味も含まれており、環境問題を扱える工学として大きな可能性をもっているように思われる（『現代科学技術と地球環境学』〈岩波講座『地球環境学一』〉高橋裕／加藤三郎編、岩波書店、一九九八年）。

この人工物工学では推論による仮説の形成ということが、科学技術における創造性を発揮するうえで極めて重要な概念として扱われている。推論と仮説の形成とはいったいどのようなものだろうか。科学認識論の立場では「感覚データの理論負荷性」と呼ばれる考え方がある。たとえば、私たちが普通に視るということは、

【眼で刺激を受け取る】×【脳で解釈する】＝【視る】

のように、二つの行為の重ね合わせであるということである。解釈するという段階で何らかの理

論仮説が必要であり、その仮説によって得られた感覚データそのものが変わるということである。

右の例で、いまA物体を視るという感覚、つまり眼および視覚の働きを考えてみよう。眼の機能が正常であって、A物体が可視光領域の波長の光を発生するか、あるいは外から来る光を反射すれば視えるはずである。実はこの「はず」という点が重要であるけれども、脳内の視覚の中で認識できることになる。このとき視覚の中にA物体についての予備知識がなければならないわけで、生まれたばかりの赤ちゃんは何も見えないのが普通である。同じA物体を視ても人によって違ったものに視え、しかも誰も間違えていると即断できないということはしばしば経験することである。どのようにして脳内の視覚の中にA物体の予備知識をつくるか、これこそが感性あるいは知性と呼ばれているものだろう。

つまり、極めて客観的であると考えられる実験事実であっても、それを与える理論仮説によって変わるということである。この理論仮説の新しい発見が科学の進歩ということであり、創造的な科学技術の研究ということになる。しかし、このような新しい理論仮説は演繹と帰納だけでは容易に導くことができない。

プラグマティズムの創始者の一人であるアメリカの哲学者パースは科学の論理構造として、従来の「演繹」と「帰納」のほかに第三のものとして「アブダクション（推論）」を提案している。それによると演繹は何かがそうあらねばならないことを証明するもの、帰納は何かが実際にそう機能するということを示すものであり、それに対してアブダクションは何かがそうである可能性があることを提示するものである。人工物工学においても創造的工学のための仮説形成としてアブダクションの重要性が指摘されている。よく言われることではあるが理論仮説が形成される動機は、直感力、洞察力と呼ばれるものであり、虫の知らせとも思われる研ぎ澄まされた感性が有力な武器である。そこで「実験事実の理論仮説負荷性」と共に「仮説形成の感性負荷性」という構図を考えることができる。

とくに環境と調和する科学技術という点では、人の感性が果たす役割は極めて大きいと思われるが、このような感性に重点を置いて人間の行動原理を説いたものとして、大乗仏教の経典の一つ「般若心経」を見てみよう。二千年の歴史の中で大勢の人々の共感を得てきた釈尊の世界観（自由・平等・慈悲）は、環境問題を考えるうえで大変重要なことのように思われるが、全体像はまた別の機会に譲ることにして、経題と第一行だけを量子科学で読み解くことにしたい。

『仏説摩訶般若波羅蜜多心経』。これが西遊記で知られている唐代（七世紀）の三蔵法師玄奘の漢訳による般若心経の表題である。もちろん原典はインドの古語パーリ語、あるいはサンスクリット語の梵字で書かれているが、これは三世紀ごろつくられたとされており、現存する最も古いものとして六世紀ごろに書かれたものが奈良の法隆寺に所蔵（現在は東京の国立博物館に移管）されているそうである。このほかにも鳩摩羅什、龍樹、法月など大勢の人々によって漢訳がなされており、原典を含めて幾種類かのバリエーションがあるが、日本では玄奘三蔵の翻訳が最もよく知られている。わずか二百数十文字の中に般若の思想が凝縮されており、まさに真言（マントラ＝思考の言葉、祈りの言葉）であり、最も短いお経としても人気が高いものである。

平安時代（九世紀）の高僧空海が、この経典の本質を見抜いたすぐれた解題を著している（「空海・般若心経秘鍵」金岡秀友訳・解説、太陽出版、一九八六年）。空海は唐の時代の中国に渡って、当時世界随一とうたわれた長安の文化・文明を吸収し、技術移転をした私費留学生である。彼は仏教を学び独創的な真言密教の開祖弘法大師として有名であり、華麗な文体で嵯峨天皇、橘逸勢と並んで平安の三筆と呼ばれるほどの達筆家である。また、四国讃岐の人工溜め池・満濃池の建設でも有名であり、灌漑・土木技術に造詣の深い環境技術者としても知られている。政治・経済・文学などにも精通した文化人であり、まさにシビルエンジニアリングに関する偉大な先達だった。

経題の漢字はほとんどすべてサンスクリット語からの音写であり文字自体に意味はないが、「仏陀が説いた（仏説）偉大な（摩訶）真理（般若）であり、彼岸に至る（波羅蜜多）真言の教え（心経）」となる。

『観自在菩薩　行深般若波羅蜜多時　照見五蘊皆空　度一切苦厄』。この本文第一行は空海が「人法総通分」と称したように、人と自然の関わり合いを説いた環境学の神髄とでも言える部分であるが、心経の序論であり、総論でもある。観自在菩薩は観世音菩薩ともいい、観音様、つまり自在にものを観ることのできる菩薩（分別と慈悲の求道者）のことである。菩薩とは悟りを求める人、あるいは在家に悟りを伝える人という意味であるから、研究者あるいは教育者に相当する。釈迦如来、大日如来、薬師如来などの如来は悟りを開いた人であり、出家した人に悟りを教える立場であるから、それぞれの分野のリーダーを指導する功成り、名を遂げたボスに相当するのだろう。

「五蘊」は冒頭の1節でも触れたが、「見える世界」の五つの事象「色・受・想・行・識」のことである。「色」は自分の意識を除くすべての世界の事象（ある意味で客観的な事象）であり、残りの四つは自分自身に生起する事象（ある意味で主観的な事象）のことである。つまり、少々短絡的ではあるが「受」はセンサー、「想」はロジック、「行」はアクチュエーター、「識」はメモリーと考えるとわかりやすいかもしれない。「空」は「見えない世界」の状態のことである。したがって、本文の意味は「自由で豊かな発想のできる学者・技術者が真理を深く研究して彼岸に至るならば、見える世界の自然現象はすべて見えない世界の状態に依っていることを発見し、これによって人々のいっさいの苦悩を救済できる」ということになる。「観自在菩薩」は産官学民すべての分野でのリーダーの心構えを、「照見五蘊皆空」はリーダーの先見性を、また「度一切苦厄」はリーダーの実行力をそれぞれ説いていると思われる。

前節で述べた量子科学の論理は、「見えない世界」の状態を表す空オンΨによって、「見える世界」の現象を理解することであるから、まさに般若心経の「照見五蘊皆空」の世界観とぴったりである。釈尊はすでに二千五百年前に、量子科学の本質を見通していたようで大変興味深い。「度一切苦厄」は文字どおり一切の苦厄を救うということであるが、この「度」という字は「渡」と同じで、真理の彼岸に渡って救われること、と解釈されることが多いようである。私自身もそのように理解していたのであるが、数年前に宇宙物理学者・佐藤文隆氏の「量子力学のイデオロギー」という興味深い本のなかで「癒すと測る」というおもしろい記述に出会うことができた（『量子力学のイデオロギー』佐藤文隆、青土社、一九九七年）。

それによると、ラテン語の mederi は「癒す」とか「治療する」という意味で、medicine（医療）や measure（測る）という英語の語源であるとのことである。「癒す」が医療に転化したのはわかりやすいが、測るという意味は「適度」という意味から出たそうである。つまり、精神的にも肉体的にも人の癒しは、ものごとに内在する調和を感知してそれに従うということから「測定する」という意味になったということである。まさに、「適度」とか「度合い」そのものに癒すとか救うという意味があるということになる。したがって、「渡」ではなく「度」のなかに、洋の東西を問わず「救う」という意味が十分込められていることになる。

佐藤氏の説をもう少し引用させていただくと、measure という語が物事に内在する調和を図るということを表すのに対して、外的な関係性を表現するものとして量的な大きさの比較をするratio（比）という語が使われている。これがよく知られているrational（合理的）という言葉の語源であり、これが正確な論理を可能にする数学の世界に外的な現実を写し出す操作だということである。このように説明されると、個人に内在する調和にもとづく主観から、外的調和としての合理的な判断（唯一とは限らないが）にもとづく客観性が生まれる、つまり主観の共通認識としての客観性ということも理解できる。

ついでにもう一つ環境問題に関連の深いフレーズを引用させていただくと、「現在の科学でも測るのは事物に内在する調和や秩序を感知するためである。しかしその動機は『癒し』よりも進歩、支配、制御といった『現状打破』にいつの間にか変わってしまったようである。自然を支配し制御することで人間は癒されると考えたからであろうか」と述べられている。まさに科学技術の進歩と環境破壊に対する警句として受け止めたい。

最近、微生物によって有機物質などの汚染物質を分解して環境を修復する技術が進んでおり、生物的環境浄化、バイオリメディエーション（bioremediation）として注目されている。この語源ももちろんmederiであろう。つまり「環境と調和する科学技術」の目標はまさに「度一切苦厄」であり、そのツールは「五蘊皆空＝量子科学」ということになる。

4　持続可能な調和社会の実現に向けて

ここまで、豊かな人間生活を支えるべき科学技術がつくりだす人工環境は自然環境と調和しながら発展すべきものであり、現在の科学技術の人間離れをくい止めるためには技術の基礎として、いわゆる旧来の自然科学だけでなく、文化系の学問も十分に取り入れて社会啓発・自己創発に向けての感性を磨き、量子科学を使ってパラダイムシフトを進めることが必要であることを述べてきた。

この節では、環境と調和する科学技術による持続可能な社会を実現するために、生産者としての企業、公益の保護・推進のための行政、創造的な研究開発シーズ（技術の種）提案者としての大学、および消費生活者としての市民、この四者の連携のあり方、いわゆる好ましい産官学民の連携による技術開発とはどのようなものかについて考察したい。とくに環境問題のように国家間あるいは地域社会のなかで利害が相反しがちな問題で連携と調和をめざすためには、広い意味での異文化との接触あるいは積極的な交流によって技術開発手法の創造性と社会的な影響に対する感受性を高めることが重要である。

文化という言葉を広辞苑で調べてみると、「人間が学習によって社会から修得した生活の仕方の総称、衣食住をはじめ技術・学問・芸術・道徳・宗教などの物心両面にわたる生活形態の様式と内容を含む」とある。つまり、文化は国や地方あるいは年代によって異なるだけでなく、学習の仕方とか内容によっても異なるので、本来は個人個人のすべてが異なる文化を背負って生きているといってもよいだろう。また、異文化の接触によって新しい側面を学習することができるので、これがまた新しい文化の創造に役立つはずである。

このような異文化の接触に対する私たちの反応には興味深いものがある。接触する文化の差が大きいほど、これを文化距離と呼んでもよいと思うが、この距離が遠いほど新しい側面を発見する機会が多くなる。したがって、私たちの知的好奇心を満たしてくれるし、創造的な発想にもつながりやすいものである。また、このことが人々の生きがい、つまり自己実現欲の満足にもなっているように思われる。

しかし、あまりにも離れすぎてしまうと恐怖心が湧いてきて、接触することを避けるようにもなる。もちろん個人差があり、訓練・修行などによって恐怖心を抑制することができるが、この反応はある意味で本能的なものでもある。しばしば異文化に対する偏見などの形で現れて、大変具合の悪いことが生じる可能性もある。また逆に、同質な文化の接触では人々の安心感は増大するわけで、一見心地よいのであるが創造的な発展は望むべくもなく、知的な活動力は停滞してしまう。それ以上に、あまりにも均一な価値観による優劣が支配的となって、逃れようのない圧迫感から無益な紛争とか、無気力・退廃的な方向に進まないとも限らない。

このような異文化接触のありようについて、教育社会学者の藤田英典氏は「趣味的接触」「競合的接触」および「馴化的接触」の三つの類型に分けて議論している（「親の文化、子の文化」藤田英典、東京大学公開講座『異文化への理解』所収、東京大学出版会、一九八八年）。ここでは異文化の接触をその発展段階に応じて分類することにしよう。そうすると、

【感化的接触】→【競合的接触】→【自律的接触】

の三段階に分けることができる。これに人間の成長過程をあてはめてみると、幼児期が典型的な「感化的接触」にあたる。子どもは親とか兄弟、地域社会の人たちの文化に接触して大きな感化を受けながら成長し、あらゆるものを自分の文化形成のために吸収する時期である。この時期は親などの大人よりも、文化距離の近い兄とか近所の子どもから多くのものを学習している。いろいろな童話のアニメーションで、チビの弟がどんなくだらないことでも一つひとつしっかり兄のまねをしている光景が思い出される。また、母親が幼児をあやすときに幼児言葉を使うのも、子どもの恐怖心を取り除くのに役立っているはずである。

中・高校生ぐらいまでの反抗期が「競合的接触」に相当し、個人の文化形成のなかでも最も重

要な価値観をつくる時期である。異文化と競合しながら自我を確立していく段階である。この時期の反抗期もまた文化距離の差による一種のカルチャーショックから生まれるものであり、致命的なけがをしない程度に大きなショックであればあるほど後々の成長が楽しみになる。

最後の段階の「自律的接触」では、自分の拠り所とする文化を意識しながら異文化を吸収する状態であり、自我の確立した大人としての異文化接触である。相手の文化を尊重しながらお互いに新しい側面を取り込んで、切磋琢磨することにより創造的な仕事の芽が出てくる。さまざまな文化との自律的接触はあらゆる場面で重要な役割を果たすものであり、科学技術の進む方向として人類共通のニーズを探るためにはどうしても必要なことのように思われる。

前にも述べたように、宗教的自然認識に対抗する形で、十七世紀にヨーロッパで誕生した文化としての近代科学は、客観的な実証主義による合理的な自然法則を次々と手に入れ、それまでの技術の様相を一変させた。とくに動力エネルギーを利用した生産技術の飛躍的な発展は、産業革命と呼ばれるほどの社会変革をもたらし、近代科学を基礎とする技術が膨大な経済効果を生み出すきっかけになったものである。

日本では百二十年ほど前の明治の初めに先進諸国の政治・経済・法律など社会制度を導入し始めたころがちょうどこの時期にあたり、産業振興と富国強兵を目標とした技術を育てるためには、このような科学技術の成果を積極的に学んで応用することが緊急の課題であった。そこで大学などの教育研究機関には理学だけでなく、世界に先駆けて工学を設置して技術教育を行い、民間企業の生産現場に優秀な技術者を多数輩出した。まさに産業振興の「殖産工学」のすすめであり、異文化との感化的接触によってヨーロッパ生まれの近代科学を巧みに生産技術に活かすことができたわけである。

この結果、前節まで述べてきたようなさまざまな矛盾とひずみを残しながらも、現在では世界のなかでも有数の先端技術を駆使した工業国として経済的には発展し、アジアの諸国から多数の留学生を迎えるなど、技術移転を求められる立場となっている。さらにお手本とした欧米諸国からも、基礎的な新しい製品技術・システム技術の開発こそ少ないものの、優れた工業製品を効率よく経済的につくる生産技術の面では極めて高く評価されている。このような意味での明治以降の「殖産工学」は、ある一面で成功であったと思われる。

しかし、ようやく欧米諸国と競合的な文化接触ができるようになった段階であり、日本の科学技術はいろいろな意味で反抗期の不安定さをもっている。これからは性急な経済至上主義に陥ることなく個人個人の生活を大事にしながら、日本独自の文化に根ざした科学技術の発展方向を見いだし、長期的な視野で世界各国の異文化との自律的な接触が望まれる。第二次世界大戦後の異文化の感化的接触で始まった日米関係は、ようやく競合的接触に至った段階だろうか。最近はまた政治・経済の分野で感化接触に後戻りしている場面もあるが、これからは積極的な自律的接触をめざす必要がある。

一方、日本の技術には独創性がないということはよく聞かれるところであるが、これは日本人のものの考え方とか日常生活における価値観など人類学的な問題というよりも、一元的な目標と価値判断による学校教育や入学試験、あまりにも短期的・局所的な判断による目標を掲げた企業の技術評価や国の科学技術政策の進め方など、権威主義に陥りがちな社会制度とこれを良しとする市民感情の方に疑問があると思われる。

このような制度の遠因は百二十年前の日本の近代化の過程で生じたものであり、西欧の科学技術の成果だけを「殖産工学」として合目的的に効率よく性急に学び、それを権威として受け入れたことによっている。技術開発の手法のマニュアル化である。西欧での科学技術が膨大な経済効果と社会発展を生んだのは、その創造的な発想に値打ちがあったのであり、科学技術の成果そのものに絶対的な経済的・社会的価値があったわけではない。何もないところに新しい「もの・システム」をつくりだしたことが大きな経済発展を生み出したのである。科学技術も他の学問と同様にそれぞれ独自の文化をもって自律した発展を期待すべきものであって、ある種の恣意的な目的をもたせると創造性が阻害されるということに気がつかなかったのである。「殖産工学」が環境破壊の一因となったことに疑いの余地はない。

次に、持続可能な社会を構築するための科学技術をどのように模索すればよいのか、産官学民の連携による知的財産の創造と活用、社会の活性化について考えてみよう。

三重大学では二〇〇二年二月に当時の矢谷学長のリーダーシップのもとで、三重県・科学技術振興センター・産業支援センターをはじめ津市・中勢北部サイエンスシティー等、三重県内の公共団体・財団および各種高等教育機関の協力を得ながら、株式会社三重ティーエルオーが発足させた。これによって地域社会における産官学民連携の活動を活発に進めることができるようになった（妹尾允史「地域産業の活性化と三重ティーエルオーの役割」、「ＨＲＩレポート」百五経済研究所、第八八号、二～七ページ、二〇〇二年）。これで大学のシーズと産業・消費者のニーズを結びつけるシステムはできあがったので、今後はどのような技術開発を行うべきか、とくに持続可能な社会をめざして本当に必要な技術とはどのようなものか、ということが重要となる。

いま、世界各国の政治・経済・教育・社会制度などの優劣を比較する、あるいはもっと直接的には産業競争力をマラソンにたとえてみると、ゴールのない、あるいはゴールがどこにあるかわからないレースをしているようにみえる。一九八〇年代に一度トップに立った我が国の立場でこれをみると、ＩＴとバイオで逃げるアメリカ、環境と量子情報で競合するヨーロッパ、ものづくりで追いかける中国という図式が浮かび上がる。

ちゃんと走るべきコースさえはっきりとは決まっていない（正しいコースは各国が走った後の結果で定まる）マラソン・レースで我が国はこの現状をどうするか。逃げるアメリカを出し抜き、競合するヨーロッパに競り勝ち、追いかける中国を振り切るためには何が必要なのだろうか。他国に先んじて正しいコースを予測し、創造性を発揮するためには「奇妙な現象」に注目するのが早道である。

およそ百三十年ほど前の状況を思い浮かべると、電気現象は常識的には極めて「奇妙で気味の悪い」振る舞いであり、一般的には馴染みの薄い存在であったが、学問的には電磁気学が完成して理解が進んでいた。当時のエジソンがこれを積極的に活用して発明・工夫を重ねて大成功し、発明王の名前とともに、現在の超大企業「ゼネラルエレクトリック社」の基礎を築いたことは有名である。

いま量子現象が、学問的には理解できていながら常識的には極めて「奇妙で気味の悪い」現象の代表格であり、これを自在に操ることが発明・工夫における新しい独創の源泉のように思われる。重要なことはエジソンが奇妙な現象に注目しながらこれを猛勉強し、ワトソンという学問的ブレーンをもっていたと言うことだろう。日本の平賀源内も電気現象に注目し、「からくりとエレキテル」でさまざまなメカニズムを工夫し、江戸時代のメカトロニクスの元祖であった。しかし、残念ながらエジソンより百年前もであり、電磁気学を作り出したファラデーもマクスウェルもいないころのことなので、学問的な背景の有無がこの差を生んだことは間違いない。

二十一世紀の技術にとって地球規模の環境汚染と構造的な経済不況の問題は極めて重要な課題

であり、これを克服するためには産業革命以来の科学技術による大量生産・大量消費という産業近代化の意味をもう一度問い直さなくてはならない。これからの科学技術は、従来の生産者による「ものづくりのための技術」だけでは不十分であり、消費者による「使うための技術」、つまり「よりよいライフスタイルを創り出すための技術」に重点を置いた産官学民の連携が重要である。

一例を挙げると、自動化・情報化社会に代表される現在の最先端技術の急激な進展の中で、従来の伝統的な技能技術の見直し、伝承が喧伝されているのも、職人の技能の中にある「つくる技術と使う技術の近接・統合」の価値が注目されたためだろう。科学を基盤とする近代技術においても工業製品の生産と消費を統合した研究開発の姿勢が重要であり、これによって調和社会の実現が図れる。これからは「新しくて便利なものを持てば豊かな生活であり、新しいものをつくれば売れる」という時代ではなく、市民・消費者のクリエイティブなライフスタイルにとって本当に必要とされる工業製品だけが価値をもつ時代になりつつある。

また、工業生産物は元来、人間生活の持続的な快適性に貢献すべきものであり、この快適性の指標としての感性を科学技術のなかに取り込む新しい分野が注目されている。二十世紀は高い機能と効率を重視した「管理社会／マニュアル社会」の時代だったが、人間の行動原理を無視したマニュアル重視は市民の精神文化との不調和、あるいは不測の事故をもたらすもとである。

今後は一般市民の主体的な消費活動が社会を活性化し、生産活動をもリードすることになるものと考えられる。

四日市の海は豊かな漁場だった

石原義剛

いまも盛んなクジラ船祭り

八月になると四日市にはクジラ船の山車が張り子のクジラを追って、街を威勢よく練り回る〝クジラ船祭り〟が人気を呼ぶ。伊勢湾のこんな最奥部になぜクジラ船かと、不思議に思い、京都や尾張の祭りからヒントを得た四日市人の物真似的な移入だという人もいるが、わたしは、クジラ漁が現実に行われていた四日市の海からの発想だと考えている。江戸時代初期に伊勢湾内で鯨漁が行われていたのは、知多半島に残る史料を見れば確かだし、八代将軍吉宗がまだ紀州藩主だったころ松坂で捕鯨組を組織していた記録も残っている。多分に海軍的訓練の組織だったこともあろうが、クジラ船があったことは否定できない。

そのころの伊勢湾は豊かな漁場だったから、餌を求めるクジラたちが訪れるのは当然といえよう。同じ八月に富洲原の飛鳥神社門前で繰り広げられる〝けんか祭り〟は二群に分かれた若者たちが肉体をぶつけ合う壮烈な祭りだが、群れが押したり引いたりする表現は、群来するイワシと捕ろうとする漁師のせめぎ合いだという。イワシが群来すればクジラが来るのは当然だろう。今では想像すらできない自然なる海の伊勢湾があったのだ。

くじら祭り

白砂青松、文字どおりの汚れなき海岸は、夏は海水浴で賑わった。秋口になるとイワシ地引網を引く漁師や引き子の掛け声が浜を揺るがした。まだ漁業に発動機もナイロン網もない、来る魚群を待って獲る明治の四日市の光景である。四日市に近代港湾を建設するため身代をなげうった稲葉三右衛門でさえ、一方で地引網の網主として漁業に携わっていた時代である。

四日市は漁村だった

古い話ではない。一九五八(昭和三十三)年、それは伊勢湾台風で壊滅的な被害をうける一年前であるが、四日市の海辺には北から富洲原、富田、四日市、磯津の四つの漁業地区があり、二千三百人ほどの漁師がいて、前海でカレイ、コチ、カニ、タコ、アナゴ、シャコ、イワシ、アジ、要するにあらゆる種類の魚介類を獲っていたのだ。それが四日市コンビナートの埋立ての完成、企業の操業開始によって、漁師の数は千三百人ほどに半減し、さらに七五年にはまた半減し、現在では、磯津が漁村のおもかげを残すばかりで漁師は百人もいない。ましてや富洲原が「富洲千軒」と呼ばれ盛んな漁村だったことを誰が記憶しているかしら。

凄まじいばかりの漁場の消滅

伊勢湾に流入する陸水の八〇パーセント近くを負う木曾三川の河口部に位置した四日市の海は、陸から運ばれて来る豊富な栄養分がプランクトンを育て、魚介類の餌となる。広がる十メートルそこそこの浅海は、広大な藻場と干潟を形成し、魚介類に生育場を提供する。桑名のハマグリ、伊勢ノリ、伊勢煮干し（カタクチイワシ）は恵まれた漁場から、なるべくしてなった産品。

浅い海を埋立て農地にし米作りする企画は江戸期に始まる。それが凄まじい勢いで加速し、農地ばかりか工業地として実現するのは大戦後である。古い四日市の漁師たちは、一様にいう「わしらの若い頃は名古屋の下之一色までほぼ直線で（船で）行けたもんだよ」。そこに大きな魚市場があり、彼らは魚を売りにいったものだ。いま下之一色は大都会の中に深く入り、海は埋立てられ、防波堤が立ちはだかって、迷路を通らねば漁船ではいけぬ。海は凄まじいばかりに埋め立てられた。その土の下で魚介類は死んでいった。死なぬまでも生育場を失った。

さらなる魚介類たちの受難

「公害は犯罪である」と宣言し、敢然と公害に立ち向かった海上保安官がいた。名は田尻宗昭（すでに故人）。一九六九（昭和四十四）年、四日市コンビナートで操業する日本アエロジルのたれ流した塩酸廃液を、石原産業が排出した硫酸廃液を、公害犯罪として摘発した。詳しくは『四日市・死の海と闘う』（岩波新書）を読んでほしい。

五八年、〃黒い水〃事件が全国的に起こり、製紙企業と沿岸漁師が激しくぶつかって、日本で最初の水質保全法が制定された。しかし、この法律は規制力を持たぬどころか、緩やかな水質基準で企業に利するものであった。六〇年、四日市周辺の魚介類は油〝臭い魚〟のレッテルを張られて都市の市場から追放された。さらにつづいて、背曲がりボラ、お化けハゼといった〝奇形魚〟が現れた。それらは製紙工場の排水、流出する廃油、排水に混入する化学物質、田畑からあふれる農薬などによる。取り締まる法律もなく、垂れ流しつづけられた〝毒〟により、魚介類、海の生き物たちは死滅していった。

世界に日本経済繁栄を誇示した大阪万国博覧会が終わった七〇年の十二月、公害特別国会が開かれ、公害基本法に「環境優先」が記載され、環境庁の設置と環境保全のための十三の法律が制定されたのは、皮肉な歴史の転換点であった。

現れた貧酸素水域

環境庁が発足したのは、翌一九七一年、以降三十三年、四日市そして伊勢湾は美しくなったのか。ここで言えるのは二つの事実。過去十年伊勢湾の中央部に夏季に必ず「貧酸素水域」が現れ、秋口に必ず三重県側の海岸線に〝青潮〟となって押し寄せる事実。その結果か、伊勢湾の少なくとも漁獲対象となる魚介類は激減している事実。漁獲量の減少に関しては漁業者にも大きな責任が免れない。追い詰められたとはいえ漁業者は資源である魚介類を根こそぎ獲り尽くした。しかし、貧酸素水域の発生と拡大に関して、責任は行政と住民に帰する。水使い捨て、垂れ流しに無反省な住民の暮らし、その行為にたいして無策な行政、消費拡大が経済の繁栄と勘違いする政治。四日市の海を殺したのが誰かは明白である。

貧酸素水域という不気味な海のガンは増殖をつづける。まだ、このガンを取り除く療法や手術法は見いだされていない。

（海の博物館館長）

終章

しなやかな環境学をめざして

朴恵淑

日本の四大公害で代表されるような大気汚染や水質汚染など局地的な地域問題は、二十世紀後半にオゾン層破壊や地球温暖化など広範囲の地球的問題に広がり、公害・環境問題は、世界各地における人間の生存や生態系のシステムを脅かす深刻な問題となっている。先進諸国に端を発する公害や環境問題は、発生源としての先進諸国のみならず、自然に強く依存して生活する途上国の人々の生活の場にまで及び、健康被害や種の多様性の破壊、災害の多発による人命被害や経済的損失、文化の変容など、直接・間接的な影響を及ぼしている。

持続可能な発展（開発）のために

人間をとりまく自然や人間が構築してきた社会はさまざまな過程を経て変貌を遂げており、それらは現代社会において「環境」というキーワードで集約され、そこで起こるあらゆる事象が議論の的となっている。それらの議論におけるもうひとつのキーワードが、「持続可能な発展（開発）」である。「持続可能な発展（開発）」は、国連の環境と開発に関する世界委員会（通称ブルントラント委員会）が一九八七年に提出した「我らの共有の未来」のなかで提唱した概念である。この概念は、環境破壊の深刻さを問題提起し、経済優先から環境との両立をはかる循環型社会形成に大きな影響を与えた基本的な概念となっている。

一九九二年にリオデジャネイロで開催された「地球サミット[1]」では、地球温暖化をはじめとする生物多様性や砂漠化問題など、人間を含む生態系に危険を及ぼす環境問題に対する再認識や、環境問題への緊急かつ適正な対策を盛り込んだ「リオ宣言」[2]が表明されている。そのなかに、「持続可能な発展（開発）」の重要性が示され、具体的行動計画であるアジェンダ21が採択されている。とくに地球温暖化問題に関しては、国連気候変動枠組条約締約国会議での「京都議定書」[3]の採択、発効によって、先進諸国の温室効果ガス削減に向けた具体的な取り組みが義務づけられている。「地球サミット」十周年を記念した二〇〇二年には、ヨハネスバーグで「ヨハネスバーグサミット」[4]が開催され、地球環境を守るためのアジェンダ21の実施状況が見直された。「ヨハネスバーグサミット」では、将来にわたって経済、社会、環境を調和させる「持続可能な発展（開発）」に向けた具体的な行動計画と、各国の決意が示され、システムの構築などについて検討されている（朴恵淑／歌川学『地球を救う暮らし方』解放出版社、二〇〇五年）。

注

（1）地球サミット

一九九二年六月にブラジルのリオで開催された、首脳レベルでの国連環境開発会議である。人類共通の問題である地球環境の保全と持続可能な発展（開発）実現のための具体的な方策が議論された。この会議で持続可能な発展（開発）に向けた地球規模での新たなパートナーシップの構築に向けたリオ宣言やこの宣言の諸原則を実施するための「アジェンダ21」が合意されている。

（2）リオ宣言

一九九二年ブラジルのリオで開催された国連環境開発会議（地球サミット）で合意された、前文と二七項目にわたる原則により構成されている。各国は国連憲章などの原則に則り、みずからの環境および開発政策により、みずからの資源を開発する主権的権利を有し、自国の活動が他国の環境汚染をもたらさないよう確保する責任を負うなどの内容が盛り込まれている。

（3）京都議定書

一九九七年十二月に京都で開催された地球温暖化防止京都会議（COP3）において採択された温暖化防止のための議定書で、先進国に具体的な数値目標と達成期限を定め、二酸化炭素や代替フロンなどの六種類の温室効果ガス排出量の削減義務を課した。先進国平均では二〇〇八—二〇一二年までに一九九〇年レベルから約五パーセント削減、EU（欧州連合）は八パーセント、アメリカは七パーセント、日本は六パーセントの削減が決まった。しかし、アメリカは二〇〇一年に京都議定書から離脱している。また、自国での削減努力ではなく、排出枠を売買する排出量取引、発展途上国とのプロジェクトを実施してそこでの削減量を獲得することで国内削減の代わりにする仕組みや、森林が二酸化炭素を吸収することとする吸収源などの仕組みが認められるなど抜け穴が問題視されている。しかし、二〇〇五年二月に京都議定書が発効され、日本を含む先進国は具体的な対策強化を追られている。

（4）ヨハネスバーグサミット

二〇〇二年八月に南アのヨハネスバーグで開催された国連会議で、一九九二年の地球サミットから十年目を迎え、同計画の実施促進や新たに生じた諸問題等について議論された。会議の成果として、持続可能な発展（開発）を進めるための各国の指針となる包括的文書である実施計画、政治的意志を示すヨハネスバーグ宣言が採択された。また、持続可能な発展（開発）のための各国政府、国際機関などが自主的に取組む具体的なプロジェクトの集大成である約束文書が発表された。

自然と人間との関係を再考する

「環境」および「持続可能な発展（開発）」を考えるさい、自然と人間の関係をどうとらえるかが重要なポイントとなる。「人間―自然―環境」の相互関係は、各分野においてさまざまな時・空間現象を対象として議論する必要がある。この議論で必要とされるのは、環境構成要素の科学的理解や社会集団の環境への対処の仕方という、たんなる現象の解明にあるのではなく、人間と自然との関係性とは何かという、人間にとっての根本的な命題を考えることである。

上野達彦と朴恵淑は、環境倫理（正義）的視点から「人間と自然は連帯共同体」としてとらえている。人間が自然をたんなる物質的評価の対象や経済的利用の対象、技術的対象として位置づけるならば、自然は回復不可能に近い状態になる。自然はけっして物質的な生活手段となるのではなく、人間が全面的に依存する場である。安定している自然は生命の基盤を提供してくれる。したがって、自然のない、もしくは破壊された場合の人間は自分の地盤や足元を失うこととなる。

人間が自然を破壊することの環境倫理（正義）的意義は、結局自分を含め子孫にまでその影響が及ぶということを再認識させられることになる。公害や環境問題は、まさに環境倫理（正義）的側面を実証する価値判断の命題でもあると論じている（『環境快適都市をめざして――四日市公害からの提言』中央法規、二〇〇四年）。

朴恵淑と野中健一は、自然に対する人間社会は、さまざまな属性、生活戦略、価値観をもった人々が状況に応じて集合をなし、それによって主体を構成し、それに応じた関わり方の種類、関わりの程度などが絡んだ環境との関わり方がつくられるとして、自然と人間は二元論的な概念として一義的に説明できないことを示している（『環境地理学の視座――〈自然と人間〉関係学をめざして』昭和堂、二〇〇三年）。

自然と人間という二項を、同列として一元的に扱うか、あるいは二つに分けて二元的にとらえるかは、古典的命題として長く議論され続けてきた。中国や日本、韓国などの東洋における人間と自然との関係をとらえるには、「風土」に注目する必要があるだろう。「風土」は、ある地域の気候・地形・土壌・水理・生物など自然現象を概説する用語だけでなく、自然要素を人間の外的環境とし、その外的環境において成立した人間の生活や文化までを指す環境的概念である。基本的な要素としての地・水・火・風が自然の諸形態を構成するとともに、人間環境も構成しているという認識が基底にある。つまり、「風土」は、天地人三才にわたる諸事象を一語で言い表せる用語であり、自然環境と人間環境とを共に表す言葉でもある［朴／野中、同上］。

風土論は、哲学者和辻哲郎により概念化されたが、和辻は、自然環境をたんなる自然ではなく、「我々が感じる自然」であると規定し、人間の主観的体験に基づく「人間の自己理解の仕方」が具体的にどう現れるかをみることが風土論であると定義した（和辻哲郎『風土――人間学的考察』岩波書店、一九七四年）。

和辻の風土論は、哲学の方法論などをめぐって批判もされたが、しかし、「風土」を自然部分と人間部分に切り離したうえで、人間のあり方に関してその空間的脈絡が関係しているという説明をはじめて試みた点は、人間と自然との関係性を考える学説史上において画期的なものである。「風土」は、人間にとって母体となる自然環境がなぜ重要であるか、環境アメニテイを生かした開発とはどうあるべきかなど、現代の人間―環境問題に有効な見方を提示したものであるといえる。しかし、風土論は、自然環境的風土を固定的な地域類型としたり、対象となる地域、または人間を固定することによって、本来の人間―環境関係に見られる双方向のダイナミズムが消し去られ、「なぜ」「どのように」というプロセスの追求には向かわない問題が残る。

一方、西洋的近代思想に発する二元論的視点では、人間の領域と自然の領域それぞれが隔てられ、かつ、均質化した空間としてとらえられてきた。均質性はその裏返しとして異質なものへの排除にもつながりかねない。しかし、近年、その領域の固定性や均質性を再考する動きが欧米の地理学を中心として起こっている。ホワットモアーの「ハイブリッド地理学」では、自然とは、人間が活動をおこなう場所としてとらえるのではなく、人間のなかに存在するものとして位置づけられる。また、人間とは、種としての普遍的な生物学的生存戦略のなかで位置づけられるのではなく、生き生きとした現実世界のなかの具体的な「生きる姿」としてとらえられている(Sarah Whatmore, Hybrid Geographies: Rethinking Human in Human Geography, in D. Massey, J. Allen and P. Sarre (eds.), *Human Geography Today*, Polity Press, 1999, pp.22-39)。「ハイブリッド地理学」での自然と人間との関係性は、従来の二元論や二元論的にとらえるものではない。両者の関係は、自然と人間の入り混じった多様かつ可変的「混成空間」としての環境において、「生きもの」としての人間が、「混成空間」を構成する環境要素との関係性をもつプロセスとして見い出される。「人間（人間性）」の理解にあたっては、自発性、変革性、創造性という、人間が世界に働きかける能動的行為に注目する「アクタントネットワーク」が概念ツールとして用いられている。ある単一の意志を前提とするものではなく、日常生活の実践にみられるさまざまな事象の関係性のうえに紡がれるものである。このような側面は、これまでに広く認識されていた個人―集団、グローバル―ローカル、主体―客体などの二元論ではない。ホワットモアーは、人間と自然が混じりあう「混成空間」を提示することによって、自然と社会の先験的分離を解消することを提案する。すなわち、「自然を、私たちがそこへ行くことのできる場所として捉えるのではなく、我々自身の中に自由自在に存在するものとして捉え直す」（野中健一／池口明子「「地域」研究から「人間」研究へ向けて――「ハイブリッド地理学」から考える三重の可能性」「TRIO」一号、二〇〇〇年、一二一―一七ページ）ということである。

認識共同体としての「四日市学」

公害や環境問題を考えるにあたってまず必要なことは、私たちの世代が、歴史上、地球の限界に直面した最初の世代であるとの認識をもつことである。自然を適切に利用する段階を超えて自然の征服者として生活の満足度を高めるための大量生産、消費、廃棄という開発中心の社会経済システムにより、資源枯渇、環境破壊などの諸問題が顕在化した。私たちは、これまでの一方通行型経済システムから、自然との共生、循環型経済システムへと転換し、環境問題への取り組みに、「グローバルに考え、ローカルに行動する」ことが求められている。しかし、人々が強い環境意識をもち、現実にローカルに行動しても、社会的に大きな影響力を行使するには限界がある。そこで、連帯関係を保ちやすい集団と集団や個人と個人とをつなぐネットワーキングが有効な手段となる。

ネットワークには、明確な組織形態をめざすものや等身大の分権的な横型組織としての草の根運動など、さまざまな形態が取られる。たとえば、四日市公害に対する住民運動として一九六八年に結成された「四日市公害認定患者の会」や六九年の「公害を記録する会」は、地域住民がみずから生活上の利益を守るために、共同して行政や企業などに対して起こす運動としてのネットワークである。これらのネットワークによる反対運動は、公害・環境問題における受益者と受苦者による明確な環境運動であり、行政や企業といった加害者側と、住民という被害者側の対立構造でとらえられる。しかし、反対運動が起こったことで、環境問題が何らかのかたちで解決の方向に向かったことを鑑みると、各主体間で歩み寄りがあったことは明白である。つまり、反対運動はたんに対立構造で論じうるものではない。

近年は、加害―被害の関係が明確でない問題も多く、予防原則に基づき、環境問題を事前に防ぐことを目的とするネットワークによる環境活動も数多くおこなわれている。たとえば、岩手県の「森は海の恋人」運動は、体験学習をとおした環境教育の実践や上流から下流までを含む総合的地域づくりへの寄与を主とする多角的な活動である。この運動は、これまでの閉鎖的な問題構図として地域問題としてとらえるのではなく、地域内外を問わず、一般の人々が広く共通の関心をもちうる問題に組み替えた環境運動である。ただし、「森は海の恋人」運動は、広域的な環境問題としての取り組みには成功したものの、地域性の視点に欠けているとの批判を受けており、地域のアイデンティティ形成の難しさをもの語っている。

リプナック・スタンプスは、アメリカにおける環境、健康、政治経済、教育などのあらゆる分野の新たなネットワークを提示している。彼らは、新たなネットワークによってつくられる世界を「もう一つのアメリカ」と呼び、ネットワークの構造や過程に注目する。これまでのネットワーク理論は、ネットワークとして働く物理的システムに基礎をおいてきたが、彼らが主題とするのは人間と人間のネットワークであり、ネットワークモデルは固定的なものではなく、時とともに変化し、改良されることを前提としている（リップナック・J／スタンプス・J、社会開発統計研究所訳『ネットワーキング——ヨコ型情報社会への潮流』プレジデント社、一九八二年）。

アメリカの政治学者ピーター・ハースは、技術的な不確実性とグローバルな問題の複雑さが国際政策の調整を難しくしており、国内の政策決定、ひいては国際政策調整の過程において、これまでのように個々でおこなわれるアプローチでは政策樹立に限界があると指摘したうえで、特定の分野において広く認められた専門知識と能力をもち、その分野もしくは争点領域内で、政策に有効な知識について権威ある主張ができる専門家のネットワークとなる認識共同体（Epistemic Community）の構築を主張した（Peter M. Haas, Introduction: epistemic communities and international policy coordination, *International Organization*, Vol.46, No.1, Winter 1992, pp.1-35)。「認識共同体」は、国籍や文化などの差を越えて、科学的方法論を共有する科学者集団をさす用語だったが、一九九〇年代に入り、地球的問題に対する国際的政策協調を説明する概念として、その意味が拡大された。つまり、「認識共同体」は、複雑な環境問題の因果関係を表現し、総合的な議論において問題設定や特定の政策を立案し、交渉のための重要論点を特定する役割を担う。専門的知見と情報収集力が重要な要素となり、新しいアイデアと情報の普及が行動パターンを導き、国際政策調整において重要な決定要因となる。環境問題のなかには、事の本質が複雑で行動には科学的知識が必要な場合が多く、一般の人々や政治家にとってなかなか理解に苦しい場合が多いが、「認識共同体」が、高度な科学的知見と分析をおこない、適切な政策を提案するという、これまでの政策決定プロセスとは異なる政策決定が期待できる。たとえば、一九九七年の「温暖化防止京都会議」において「京都議定書」が採択されたが、そのさいに、気候変動に関する政府間パネル（IPCC）が提案した科学的知見、影響、政策的な提案が受け入れられたことが、専門家集団の「認識共同体」の働きによる一例となる。

地球環境問題を解決するにあたり、国家間の利害関係が障害になるが、環境問題解決のためには高度な専門知識と、地域や国家間の利害関係にとらわれない考え方が必要となる。つまり、専門家集団のネットワークである「認識共同体」によって、国益が衝突し、適切な解決策が実現されなくなる状態を回避し、統一した解決策を各国政府が受け入れやすい体制が形成されることも期待できる。

「認識共同体」としての「四日市学」は、次の二つの側面から考えられる。

①学際的・総合環境学研究としての「四日市学」

四日市公害は、その発生メカニズムおよび人間の健康被害や生態系への影響、環境政策などが複雑に絡み合った環境問題であるため、自然科学としての大気環境学や水文学《すいもんがく》、人文社会科学としての経済学、社会学、法学、医学としての疫学など、学問の諸分野を横断的につなげるアプローチによって、その特徴が把握でき、また対策を講じることができる。つまり、四日市公害の本質を究明し、適切な環境政策を見いだすために、専門家集団による学際的・総合環境学研究が要求されるが、「四日市学」はそのための有効な手段となる。

②環境外交のツールとしての「四日市学」

「四日市学」は、韓国の大規模産業団地の蔚山・温山地域での「温山病」や中国の瀋陽や重慶など重化学工業地域で見られる、かつて四大公害の複合型ともいえる東アジアの公害問題の解決に、過去の教訓を生かした「四日市イニシアテイブ」が取れるツールとなる。また、中国大陸から飛来する大気汚染物質の長距離輸送による越境性大気汚染や酸性雨問題に対する、日中韓の環境外交に、「認識共同体」として国際環境協力に有効な役割が期待される。

国境を越えた広大な領域の環境問題の解決をめざす外交は、環境外交（Environmental Diplomacy）と呼ばれる。一九七〇年代から八〇年代の欧州における越境性大気汚染や酸性雨問題に対する環境外交は、急激な人口増加と高度経済成長によって、地球上で最も深刻な環境問題が懸念される、二十一世紀の東アジアにおける日本の役割を探るさいに貴重な教訓となる。欧州の体験から、環境外交が成立するためには、まず信頼性の高い科学データを各国が共有できる観測体制の整備が不可欠である。

しかし、東アジアでは、それぞれの経済の発展段階に応じた投資の優先順位が決められており、発展途上国では環境保全への投資の優先順位は著しく低く、先進国になるほど高くなるなど、格差がひじょうに大きい。列挙してみると、韓国・台湾、中国の一部となった香港、巨大な途上国で社会主義国の中国、市場経済移行中の極東ロシアとモンゴル、そして北朝鮮（朝鮮民主主義人民共和国）がある。関係国の多くが先進国である欧州とはまったく違う政治的・経済的に複雑な東アジア地域において、日本が環境対策を支援することは、日本国内に豊富にある環境保全のための技術・資金・人材を発展途上国に還流させようとすることであることから、日本は効果的な環境外交の戦略を練る必要がある（朴恵淑／米本昌平「環境外交のための科学——東アジアを対象とした長距離輸送モデルの政策的有用性評価」「Studies: Life Science & Society」五号、二〇〇一年、八九—一二四ページ）。

四日市公害問題の原因物質である硫黄酸化物や窒素酸化物などの大気汚染物質は、大気中に排出されたのち、輸送、拡散、化学的反応をしながら地表面に沈着する。大気汚染物質は気象条件によっては数千キロ輸送され、ほかの国に影響を与えるが、とくに、越境性大気汚染問題は国家間の環境問題を引き起こすおもな要因となる。中国の硫黄酸化物排出量は日本、朝鮮（韓）半島、モンゴル、極東ロシアの総排出量の八倍程度にもなり、窒素酸化物も二倍を超えることが知られている。莫大な大気汚染物質を排出する中国の東側に位置している日本、韓国はその影響を受けることになる。越境性大気汚染の焦点は、どのくらいの大気汚染物質がよその国から輸送されてきたかにかかっている。もし、ほかの国からの大気汚染物質の寄与度が大きい場合は、局地的な大気汚染削減対策は相対的に効果が小さくなるために、多国間の大気汚染物質の削減に政策を転換しなければならない。

越境性大気汚染問題について東アジアの日本、韓国、中国の三国の立場には大きな開きがある。日本は、一九七〇年代以降の強力な大気汚染削減政策にも関わらず、酸性雨問題が一向に改善されていない。その理由は、中国や韓国から排出された大気汚染物質の流入に密接に関係している。日本は、越境性大気汚染や酸性雨に対する共同研究と国際協力について日中韓を含むアジア各国に向けて積極的に提案をしている。

環境省の主導による東アジアの酸性雨を共同で測定することを目的とした東アジア酸性雨モニタリングネットワーク（EANET）が、一九九三年から議論されている。しかし、日本は、資金のほとんどを拠出するなど、リーダーシップを取っているものの、東アジア酸性雨モニタリングネットワークはなかなか軌道に乗らず、日本外交の迷走や存在感の希薄さが浮き彫りとなっている。

一方、韓国は、韓国の大気汚染物質が日本に影響を与えると同時に、中国から大気汚染物質が流入してくるという状況に置かれている。一九九〇年代に入って科学技術部、環境部の研究支援を受け、各研究機関の横断的な酸性雨研究が始まり、一九九五年から国立環境研究院を中心として大気汚染物質の長距離輸送に関する研究が進められている。また、国際協力のための長距離越境性大気汚染プロジェクト（LTP）という専門家レベルの日中韓の三国間共同プロジェクトが実施されている。さらに、日中韓の環境大臣会議（TEMM）は東アジアにおける環境政策、国際環境協力を進めるために韓国が提唱して始まった会議で、越境性大気汚染問題ばかりでなく、近年発生頻度が高く広域化している黄砂問題に対する日中韓の対応においても韓国のリーダーシップが強くなっている。

中国は自国の酸性雨問題が西部と西南部で深刻化し、全国的に拡散しているが、中国で排出された大気汚染物質が日本に与える影響は少ないと考えている。中国は、越境性大気汚染や酸性雨問題は国内の問題のみと考えており、他国に及ぼす影響を明らかにする努力は消極的であるが、大気汚染削減のための資金および技術の提供が期待される会議では積極的に参加するなど、したたかな環境外交を行使している。

東アジアの大気汚染対策に対する協力組織は存在しているが、実際の協力はまだ発展途上である。したがって、国益ではなく地球益で国際協力の活性化に貢献できるツールとして「四日市学」の役割が大いに期待できる。つまり、「四日市学」を通じた日中韓の共同研究協力によって、リーダーシップと責任の共有が可能となり、参加意識を高め、相互の信頼を築きやすくなるのである。また、リーダーシップを共有することで、研究協力のためのプログラムに各国の研究者が責任主体として参加し、各国の研究結果の信頼性が確保できる。そして、地域内のすべての環境対策が向上するWin―Win戦略が可能となる（沈相圭／金容表／朴恵淑「東アジアの越境性大気汚染問題における協力プログラム――東アジアにおける酸性雨問題と国際協力の可能性に関する日韓共同研究」「東アジア酸性雨・国際協力シンポジウム」三菱化学生命科学研究所／読売新聞社、二〇〇〇年、九―一四ページ）。

しなやかな環境学へ

人間―環境の関係に関わる環境問題を考えるとき、たとえば、四日市公害のような問題が生じたとき、人々がどのように認識するかは、人々がその場所で形成してきた自然との関係によって異なる。人間―環境の多様性を具体的に認識し、多様な価値観のなかで結びついた共同体は、同じ価値観を共有することによってネットワークを形成し、互いのよりよい関係づくりへ向かう行動を生み出す。さらに高次の問題意識をもつようになり、ネットワークが拡大していく。このよ

しなやかな環境学における「共通認識地域」の地理的事象

（イラスト：柳原望）

命をもつ生き物は、他者との関係のなかで生き、変化を続け、次世代へと繋がっている。生き物としての人間は、常に可変的で多様な自然や社会となる環境と深いつながりをもちながら生活している。「共通認識地域」は、生き物が互いに関心をもつ共通の問題、つまり、作物や魚、動物、花など、人間とかかわり合う生き物だけでなく、大気汚染や温暖化のような環境改変による生き物への影響をも含み、各地域で繰り広げられている地理的事象が現れる地域である。

しなやかな環境学における人間とは、感性、共感、想像力を駆使して形成したネットワークによって情報の共有をはかり、刻々と変化を続ける生き物と持続的な共通認識地域を築きながら、深いかかわり合い方をもつ生き物である。

うに「共感」が生みだされた地域に環境問題が生じた場合、さまざまな分野の専門家集団のネットワークが形成されやすくなり、認識共同体としての役割が果たせるようになるのである。

朴／野中［二〇〇三、同上］は、地域をつくるのは、一人ひとりの意志であり、その共感の対象となる場そのものがあって成り立つ。共感が生み出す「共通認識地域」は、環境要素や文化事象の様式の分布や機能、情報から見いだされるような固定したネットワークではなく、場に対する共有価値観によって生み出される空間的広がりをもつ集まりである。共感を生み出すものは、個人の意志であるが、それは固定化されたものではなく、その共感の強さの度合いによって個々に結束程度が異なる。固定されない共感が個人の内的な力によって空間的広がりをもちながら、「共通認識地域」として広がったとき、外からとらえることができる。こうした動きをもった「生きる」地域は固定されたものではなく、変化を伴うものである。相互の結びつきは構成する人々の主題的な「動き」による可変性をもったネットワークとなる。このネットワークには固定された中心性や周辺性ではなく、状況に応じてその中心が至るところに出現可能な可変性をもたせることができる。また、役割が固定されるのではなく、状況に応じて各々の分担を変えていくローテーショナル性をもつこともある。つまり、しなやかな環境学における「共通認識地域」とは、固定化されたものではなく、可変性をもった結びつきであること、複数の中心が存在すること、価値の共有によって結合すること、なのである。

韓国や中国をはじめとする多くのアジア諸国は、さまざまな側面で日本の過去の経験に学ぼうとしている。とくに、経済成長を最重要視する発展途上国は、今後予想される公害、環境破壊の問題に対処するため、日本の環境関連法規、有効な公害対策の導入など環境支援を積極的におこなう仕組みづくりを構築する必要がある。

二十一世紀は「環境の時代・アジアの時代」といわれている。それだけにあらゆる方面での環境問題の顕在化が懸念されているため、日本の役割がおおいに期待される。四日市公害のように、経済優先による人権思想欠如によって引き起こされた環境破壊は、健康被害だけではなく、社会全体を崩壊させ、人間の存続さえも危うくする。地方分権の時代を迎えて、四日市公害のマイナスイメージをプラスに価値変革し、環境という視点を産業、観光、教育、福祉、ライフスタイルにも取り入れ、三重県四日市市は公害県（地域）から環境先進県（地域）へ再生しなければならない。

私たちはいま、「地球市民の時代」の入り口に立たされていることを自覚し、近年の地球・地域規模のさまざまな環境問題に関して、地域の学校や大学、行政、企業、非営利団体（NPO）、市民、メディアなど、社会のアクト（セクター）との協働がはかれる「認識共同体」の形成に積極的に取り組むことによって、実践的な成功事例を生み出すことが求められている。

水俣学からの伝言

原田正純

一九六〇年代、日本全土を襲った環境汚染は自然環境や生態系の破壊から究極には人体破壊をもたらした。そのさまざまな公害事件からわれわれは何を学び、後世に何を伝えるのか。また、世界中に、とくに途上国といわれる国々に何を発信するのか、できるのか。今、多方面からの検証が求められている。

日本の公害事件ではいずれも人類が初めて経験する新しい事態の展開であった。しかも、いずれの事件も医学者が最初に取り組まなければならなかったことがわが国の環境問題の不幸の一つであった。環境問題で医学者が出てくるときは圧倒的に手遅れであるし、十分な対応が取れないことはこれらの事件が証明している。そして、新しい事態に対して、環境権、環境倫理、環境福祉などの新しい概念を発展させてきたし、環境社会学、環境経済学、環境法学などの新分野が創設されるなど学問分野におけるグローバル化、再編化が模索され始めてきた。

水俣学は水俣病の医学的な知識を拡げるための講座ではない。学界、政治、経済、司法、行政、文化、生活、運動などいろいろな立場の各人が水俣病事件を通して自らを見て何が見えるか（どのような教訓をくみとるか）という学習のためのものである。まだ、模索中ではあるが、大略、以下のような点は見えてくる。

弱者のための学問を目指す

水俣、四日市では最初の被害者は幼児たちであった。水俣病は重症の幼児患者の多発によって発見された。すなわち、環境汚染の被害は弱者にしわ寄せが来ることが明らかになった。さらに胎児が最も影響を受けやすいことが明らかになった。さらに、当然のことだが、自然の中に自然と共に生きている人びと、自然に対する依拠度の高い人びとが最も影響を受けやすい。これらの人々は自らの権利や意見を表象するのが苦手であったり、無視されてきた社会的にはマイノリティ（社会的弱者）が多い。経済発展の大合唱の中で漁民は少数派であった。彼らの声が霞が関に届くのに四十年もかかった。カナダでは白人から差別を受けてきた少数民族の先住民に公害は起こった。外力によって少数者（弱者）が切り捨てられる時、固有の伝統的生活様式や文化が破壊されていく時公害は起こる。

バリアフリーの学問を目指す

従来の学閥、分野別など境界を越える学問でなければこの新しい事態に対応できない。既存の枠組みを取り払い、再構築し、総合された学問（学際的）を目指すものである。環境問題、公害事件では被害者や現地に住む生活者の指摘が正しいことが多かった。したがって、専門家と非専門家の境界こそ超えるべきものであった。いかに先端の技術であっても、すぐれた発想は現場にある。専門家の独断をなくすためにも風通しを良くする市民参加の開かれた学問を目指す。

現場を大切に変革する学問

公害問題では古い既存の概念を打ち破らなければならないことが多かった。たとえば、過失論、病像論、被害論、救済論においても、教科書は被害者自身の中にしかなかった。行政、専門家、権威者たちは、現場を学ばず慣習や既存の理論や原則で目の前の事実を切り捨てる役割を果たしたこともあった。したがって、既存の概念や分野を解体して大胆に再編する革新的な学問を目指す。わが国の公害の深刻さからすでに分野の再編、細分化と統合化が見られてはきている。たとえば、水俣病事件での被害者たちの認定制度に対する闘いは、単に行政的・法的な問題ではなく医学の根源的な問いかけであり、この国で市民が取り込まれている認定制度という行政の枠組みの変革への要求でもあった。

グローバルな学問

世界各地の汚染地区調査で学んだことは国内でのローカルな問題が地球的問題であったことである。たとえば、現在、水銀汚染が進行しつつある国における深刻な問題は「何が水俣病か」であった。それはわが国の「最もミニマムな水俣病は何か」という底辺（微量汚染）の影響を明らかにするという問題でもあった。診断基準についても、安全基準の問題にしても、また、メチル水銀の微細な胎児への影響、環境ホルモン作用など豊富な経験をもつわが国の行政は責任を問われることを回避するために、これらの問題の解明に蓋をしてきた。そのことでわが国は国際的な責任を果たしていない。ローカルな問題は必ずグローバルな問題につながる。

いのちを中心においた学問

公害反対運動は時には障害者否定に繋がったこともあった。そのために、新潟では妊娠、出産規制を行った。それは「異常児を産まない運動」として全国展開されたこともあった。その反省から水俣学は「いのち」を大切に、「いのち」を中心におく学問でなくてはならない。

水俣も四日市も「負の遺産」を活かすためには医学的にはもちろん、多くの分野でまだまだ残された問題が多い。公害現場では生活障害は複雑化・複合化してきている。医療費、介護費、年金など未来に対する福祉的な対応が一部に認められたにしても、広く地域、家庭、個人のその各レベルでの対策(福祉)は不十分である。その解明も未だ不十分である。しかも、これらは長い時間を経過して現在も継続しており、終っていない。

水俣学の一つのヒントは足尾鉱毒事件である。百年以上経っているのに今なお多くの人々が足尾鉱毒事件を研究している。その結果、日本の近代化が炙り出されてきている。

水俣病は一地方の気の毒な特異な事件でなく、私たちのまわりにある事件である。それを見つけるのが「水俣学」でもある。そして、地域で地域の問題を地域の研究者と地域住民が共同して問題点を明らかにし、対策を模索することは「地域の自立・自治」の問題そのものである。全国に地域に根ざした〇〇学が広がることを期待している。

その意味では「四日市学」は地域に根ざし、「負の遺産」を世界に発信する重要な学となる。

(熊本学園大学教授)

参考文献

原田正純「四大公害と環境福祉」(『環境福祉学入門』炭谷茂編著、環境新聞社、二〇〇四年)
原田正純編著『水俣学講義』日本評論社、二〇〇四年
原田正純/花田昌宣編著『水俣学研究序説』藤原書店、二〇〇四年

四日市公害史　略年表——四日市コンビナート造成から四日市公害発生・四日市公害賠償請求事件判決まで

一九五五年　四月　四日市旧第二海軍燃料廠跡地に昭和四日市石油株式会社が進出決定
　　　　　　十月　四日市地先海域に異臭魚出現
一九五七年　十一月　四日市市牛起埋立地着工
一九五九年　四月　昭和四日市石油株式会社四日市製油所操業開始
　　　　　　　　　第一コンビナート稼動（石油精製、電力）
一九六〇年　三月　伊勢湾産の臭い魚問題発生（東京中央卸売市場で返品、買いたたき）
一九六一年　十月　四日市市牛起埋立地完成（六九万平方メートル）
一九六二年　八月　三重県立大学医学部附属病院塩浜病院で公害病の無料検診実施
　　　　　　　　　四日市市塩浜地区で初の公害検診実施、磯津に気管支系疾患顕著
　　　　　　十二月　四日市市磯津町に県下で初の SO_2 自動測定器設置、測定開始
一九六三年　十一月　第二コンビナート本格稼動
　　　　　　　　　厚生・通産両省による四日市地区大気汚染特別調査会（黒川調査団）現地調査
一九六四年　三月　四日市に関する黒川調査団の調査結果を報告し、四日市の大気汚染の問題としてば

い煙規制法を適用するよう勧告し、国会に提出

六月　四日市市立小学校、幼稚園に空気清浄機設置（一八九台）

一九六五年　四月　異臭魚分布調査

　　　　　　五月　厚生省委託「学童の大気汚染影響調査」開始（六九年まで）

　　　　　　　　　四日市市が公害患者の治療費を負担する制度発足（十八人を認定、うち十四人が入院患者、医療費の無料化）

一九六七年　九月　四日市市喘息患者九人、第一コンビナート六社を相手に訴訟提訴（初の大気汚染公害訴訟）

一九六八年　六月　「大気汚染防止法」公布

一九六九年　四月　四日市地区における悪臭に関する調査研究開始（県・市）

　　　　　　七月　三重県公害モニター（悪臭）設置（四日市市三十人、三重郡楠町一人）

一九七一年　九月　四日市地区で初めて光化学スモッグ発生

一九七二年　五月　三重県、四日市市内で初の光化学スモッグ測定開始（四日市北高等学校、四日市南中学校、四日市市役所、公害センター）

　　　　　　七月　津地裁四日市支部、四日市公害損害賠償請求事件判決（因果関係、共同不法行為、過失を認め損害賠償を命ずる）

（国際環境技術移転センター『四日市公害・環境改善の歩み』を参考に作成）

あとがき

「四日市学」は、三重県北部の北勢地域圏の一角を占める四日市市から生まれた地域学である。しかしそれは、かつて大気汚染による公害で苦しんだ地域を対象にした学という意味で、従来の歴史・文化型地域学とは異なっている。

公害という環境問題の恐ろしさや克服の難しさがまだよくわかっていなかった四十年前、地域住民、研究者、行政、企業は、多くの困難を伴う四日市公害と格闘した。とりわけ、公害認定患者は、公害からのまち再生と病魔との二重の闘いを強いられながら、四日市公害訴訟で患者・原告側の勝訴判決を勝ち取った。このような背景をもつ「四日市学」がめざすのは、人間と自然との共生をはかるための学際的・総合環境学である。いままで人類が蓄積してきたすべての知識と経験を梃子にして、四日市公害を「過去の負の遺産」として閉じ込めるのではなく、快適環境都市をめざす「未来の正の遺産」として見直していきたいと考えている。

この学問は、常に変化していく生き物のようなものであり、その中身は多様な広がりをもつものになっている。たとえば、四日市喘息患者の多くが、年寄りや子どもなど生理的・社会的弱者であった。不正義な社会システムから生み出された被害者の生存権を守ることによって、正義の回復をはかるための方法論を探るものこの学問のひとつのあり方である。それは、人間の幸福のために社会はいかにあるべきか、また人間の精神構造における倫理・正義とはいかなるものであるか、さらに命の尊厳をどのように考えるか、などを問う人間学的考察を深めていくことになるだろう。さらに「四日市学」は、すでに四日市公害に対して先達がおこなってきた疫学的研究を再評価し、法学的、経済学的、文化的、環境地理学的、工学的研究を加えることによって、未来の快適環境都市づくりに新たな提案をおこなう。これは、地域圏に貢献するための実践的学問といってもいいだろう。

もちろん「四日市学」は、狭い意味での地域圏に限定されるものではなく、より広汎で、グローバルなものでありたい。このことを十分に認識し、日本の四大公害の発生地である水俣、富山、新潟、四日市が連携し、情報交流や研究協力をおこない、さらには韓国、中国、極東ロシアなど東アジアでの公害発生地の自治体や住民との連携を組んだ国際環境協力をおこなう。これは、環境外交の有効なツールとなるだろう。地域圏との連携を視野に入れた「四日市学」は、アジア学というスケールも合わせもっているのである。

二年前の二〇〇三年五月に、日本だけでなく、はじめて世界に公害・環境問題の恐ろしさを教えた水俣病についての資料館のひとつ、相思社水俣病歴史考証館を訪ねた。そのときの衝撃は、言葉に表せない大きなものだった。入り口には、「怨　熊本・水俣病を考える会」の黒の縦断幕が天井から床までにぶら下がっていた。公害により二度と元気な体に戻ることのできないことへの怒り、悲しさ、人間の残酷さ、エゴなどをこれほど的確に表わしたものを、これまでに見たことがなかった。まさに魂の叫び、そのものであった。

また、同年八月に、韓国の国家産業団地（コンビナート）蔚山《うるさん》・温山《おんさん》・麗水《よす》に公害・環境調査に行ったときも、大きな衝撃を受けた。四大公害の複合型といえる「温山病」によって、子どもや年寄りの三人に一人が皮膚病や喘息、ガンなどで苦しみ、死んでいくという。

「行政は、『公害病はありえない。これは単なる温山怪疾である。しかし、引っ越しをしたいなら、新しい土地を与える』というけど、祖先代々暮らしてきた土地を離れることはできないんだ。お墓参りなどは誰がするんだ」

と、私たちに真剣な眼差しで訴える住民の姿を、いまも鮮明に覚えている。

「四日市学」は、人間の未来を見据え、人々の暮らしのなかに安全と安心をもたらすため、そしてなにより次代を担う子どもたちのためにある。私たちは、この試みが多くの人々や地域の共鳴を呼び起こし、実践的な活動に結びついていくことを願っている。

このような活動内容をもった「四日市学」に関心をもち、本書の出版を勧めていただき、原稿の作成過程において絶えず適切な助言をいただいた、風媒社編集部の林桂吾氏に感謝の念を表したい。

二〇〇五年七月

執筆者を代表して、伊勢の海が見える研究室にて　朴 恵淑

山本真吾（やまもと しんご）
1961年、大阪生まれ
広島大学文学部国語学国文学専攻卒業および大学院文学研究科博士課程後期同専攻単位取得退学（文学修士）
広島大学文学部助手、三重大学人文学部専任講師、同助教授を経て、白百合女子大学文学部教授
専門分野：日本語史・日本言語文化学
おもな著書：『宮内庁書陵部蔵本群書治要経部語彙索引』（共著、汲古書院、1996年）、石山寺資料叢書『文学篇第二』（共著、法蔵館、1999年）、高山寺資料叢書第三期『古訓点資料資料第四』（共著、東京大学出版会、2003年）大東急記念文庫善本叢刊中古中世篇『類書Ⅱ』（共著、汲古書院、2004年）、『日本語源大辞典』（共編、小学館、2005年）など

妹尾允史（せのお まさふみ）
1938年、岡山生まれ
東京理科大学理学部物理学科卒業
工学博士（名古屋大学）
名古屋大学工学部機械工学科助手、講師、助教授を経て、三重大学工学部教授、三重大学副学長、地域共同研究センター長などを歴任の後、停年退官(2001年)。三重県科学技術振興センター特別顧問、(株)三重ティーエルオー社長、などを務めた後、鈴鹿国際大学副学長・三重大学名誉教授
専門分野：材料科学、量子応用技術
おもな著書：『電子機械制御入門』（オーム社、1983年）、『メカトロニクスの電子学入門』（オーム社、1987年）、『新素材プロセス総合技術』（共著、R&D プランニング社、1987年）、『宇宙・航空の時代を拓く』（パンリサーチ社、1988年）、『よくわかる電子機械基礎』（共著、オーム社、1997年）、『工学基礎・量子力学』（共著、共立出版、2000年）ほか多数

●コラムほか執筆者（アイウエオ順）
石原義剛（海の博物館館長）
円城寺英夫（三重大学客員教授）
嶋谷修一（元津地裁四日市支部主任書記官）
近田正晴（津地方裁判所松坂支部長判事）
原田正純（熊本学園大学教授）
吉田克己（三重大学名誉教授）

［著者紹介］

朴 恵淑（ぱく けいしゅく）
1954年、韓国ソウル生まれ
韓国梨花女子大学校師範大学社会生活学科および大学院修了（地理学専攻）
筑波大学大学院博士課程地球科学研究科修了（理学博士）
韓国梨花女子大学校師範大学社会生活学科助手、筑波大学環境科学研究科文部技官、ヒューストン大学地球科学科ポストドクトラル・フェロー、三菱化学生命科学研究所特別研究員、三重大学人文学部助教授を経て、三重大学人文学部教授
専門分野：環境地理学・気候学・生気象学・環境教育
おもな著書：『地球を救う暮らし方』（共著、解放出版社、2005年）、『環境快適都市をめざして——四日市公害からの提言』（共編著、中央法規、2004年）、『環境地理学の視座——自然と人間関係学をめざして』（共著、昭和堂、2003年）、『わたしたちの学校は「まちの大気環境測定局」』（共著、三重県人権問題研究所、2000年）ほか多数

上野達彦（うえの たつひこ）
1947年、徳島市生まれ
愛知大学法経学部法学科卒業、同大学大学院修了
法学博士（立命館大学）
三重大学教育学部助教授、同大学人文学部教授・同大学副学長を経て、三重短期大学学長・三重大学名誉教授
専門分野：刑事法学
おもな著書：『犯罪構成要件と犯罪の確定』（敬文堂、1989年）、『ペレストロイカと死刑論争』（三一書房、1993年）、『犯罪概説』（共編著、敬文堂、1992年）、『ロシアの社会病理』（敬文堂、2000年）、『環境快適都市をめざして——四日市公害からの提言』（共編著、中央法規、2004年）、『刑法学概説』（共著、敬文堂、2004年）ほか多数

装幀／田端昌良

四日市学——未来をひらく環境学へ

2005年7月24日　第1刷発行　　（定価はカバーに表示してあります）

著　者　　朴 恵淑／上野達彦
　　　　　山本真吾／妹尾允史

発行者　　稲垣喜代志

発行所　名古屋市中区上前津 2-9-14　久野ビル
　　　　振替 00880-5-5616　電話 052-331-0008　風媒社
　　　　http://www.fubaisha.com/

乱丁・落丁本はお取り替えいたします。　＊印刷・製本／モリモト印刷
ISBN4-8331-1064-4